目　录

小引

　　1997年春天，我们做完了武义县郭洞村的调查、测绘工作，秋天到江西省乐安县的流坑村做村落的保护规划，1998年春天，又回到武义，这回的研究对象是俞源村。

　　俞源和郭洞一样，位置在一条山沟里，青山重重，绿水处处，风景非常优美。1949年以前，它的居民有不少是农业社会里的成功者，虽然山高沟窄，却在沟外平原里拥有大量肥沃的土地，经济很富裕，所以多建华堂丽屋，整齐可观。两个村子相距只有几十里，不到一小时的车程，风尚习俗并没有差别。我们的乡土建筑研究工作，每做一个课题，首先就得写出它的特点，而不是去重复地写那些到处都差不多的概括过的共性。这是我们工作的难处，也是我们工作的价值所在，我们之所以要在村子里一次住二十来天，还要去几次，就是为了抓住它的特点。这不只是那种浮在面上一眼看得出来的特点，更是隐藏在深处的历史文化特点以及它们在环境、村落和建筑上的表现。这是我们的追求，虽然绝大多数村子的历史和民俗文化都早已模糊不清，我们常常感到失落，我们仍然坚持着这样的追求。但要寻找俞源与郭洞的差别，可不容易。

　　俞源和郭洞的不同之处在于，郭洞的山沟非常偏僻，小小的村子躲在里面，宁静自得，仿佛连炊烟都只会笔直地升起。参天古树下的水口村门，把岁月都锁住了，说不定这里就是武陵捕鱼人无意中来过而又失去了的地方。俞源的山沟却曾经有大路通过，山场广阔，溪流又多少能起一点运输作用，俞源人利用这些条件，大都经商致富。这就给村子带来一些新的特点：它的宗法家族制度比较弱，没有形成强有力的房派，因此没有建造大小房派的支祠，虽然也以房派的居住团块作为村落的结构单元，但没有支祠作为单元的中心而只有香火堂；它的房地产买卖没有受到房派的严格管制，所以各房派的后裔居住得比较杂乱；各房派富商们的大宅的规模几乎超过宗祠，显得浮夸；它们的大木作和小木作都很华丽；俞源村有一些店铺和作坊，甚至有一般农业村落没有的歇栈，晚期还有些公用设施；俞源人文化心理也比较开放，很早就有书院、赏玩风景的园亭，甚至还有迎宾馆。

但俞源人的商业活动还远远比不上我们工作过的兰溪诸葛村的居民。他们主要经营山货土产，自己拥有山场土地，赚了钱再来买山买地，资本没有脱离土地，身份也没有脱离地主，因此他们更多地依赖乡土，崇拜自然，市井文化几乎没有萌生。他们虽然弃儒从商，但不敢像诸葛氏那样对重仕轻商的传统观念挑战，家谱里给大富人立传，总要说本来可以轻取功名，迫不得已才去"理家"。俞源人发了财之后赶紧买一个贡生当当，好在家门前和祠堂门前立一对旗杆。他们的豪宅有一股土财主气，规模很大，甚至很壮观，远远超过了普通农业村落的住宅，但它们都是支系的集合住宅，小家庭的私密性很少，居住质量不高，不像诸葛村的商人住宅那样大小得体且精致、安逸。俞源住宅的装饰雕刻，一方面很少见到农业时代耕读文化的"笔墨纸砚""琴棋书画"之类的题材，一方面也还不像诸葛村那样处处可见聚宝盆、刘海戏金蟾、古老钱串之类。在俞源村，对财富的热切追求和炫耀，最强烈的表现是在种种风水传说上，也就是对地理环境的自然崇拜上。在诸葛村，风水几乎只关系到最古老的宗法制时代的传统，主要是人口繁衍，而作为"商战之雄"，则靠的是"善操奇赢"，从不附会于风水。俞源村也没有形成诸葛村那样的商业中心，只有几家小店铺和歇栈，供应本村的财主们和过往路人。

俞源村还有一个特点，就是它的鲜明的浪漫主义色彩。早在明代初年，就有些俞氏族人的先祖们爱壮游天下，结交四方豪杰。他们常常一去数年，北至燕赵秦晋，遍访名士贵胄，并且吟诗作画为记，留在宗谱。他们在家乡竟造了一所迎玩楼，拨田二百亩资用，作为招待宾客的场所，大约是这种浪漫性格的表现之一。俞源村的里里外外，几乎处处有故事，有神话，连它的种种风水之说也都故事化、神话化了。我们还从来没有见过一个村子有这么多有趣的故事和神话，笼罩在浓浓的浪漫主义气氛之中。故事和神话当然没有直接的历史真实性，但它们有感情的真实性，反映着村民的愿望、心理和信念，因此归根到底，它们也折射着历史的真实。只要善于理解，这些故事和神话对认识俞源村都很有价值，它们是民俗文化重要的一部分。

一个是萌芽状态的商业活动，一个是浪漫主义色彩，我们在写作俞源村的研究报告的时候，抓住了这样两个特点。它们在环境、村落、建筑中的反映都很微妙，很难把握。希望读者们能知道我们的用心。

我们的乡土建筑研究，已经干了将近十年了。十年来，我们都是以聚落整体作为研究对象，越做越知道工作中最困难的是认识对象的特点、抓住特点、写出特点。这同时也是最重要的，因为只有一个个村落的独特性，才能汇合成中国乡土建筑的丰富性和生动性。匆匆做一般化的概括，只会把研究工作引向很狭窄的死胡同，而且很容易会有虚假和谬误。

在俞源村，我们住在洞主庙的圆梦楼里。窗外淌着两条山涧水，深夜躺在床上，听水声哗哗啦啦，奔流不息。山涧水从泉眼里滴出，从树根下渗出，它们不舍昼夜匆匆赶去的地方是钱塘江口，在那里它们投入掀天动地的钱塘大潮。它们在大潮里汹涌，卷起在高高的浪尖上，映着太阳飞溅，闪出自己灿烂的光彩。祖国大地上每一个村落的文化都是泉眼里、树根下的水滴，我们的任务，是从这些水滴认识大潮。

陈志华
1998 年夏

九龙山下人家

　　俞源村现在位于浙江省中部的武义县。它原属宣平县，宣平在武义之南，但它在县境北缘，与武义县贴邻。1958年4月，宣平县并入武义县后，它就在武义县的中部了。宣平县是明朝景泰二年（1451）平定了一次银矿工人暴动后，为了加强弹压，于次年从丽水县划出而设置的，俞源村却至迟在南宋末年已经有了居民，所以它最初属丽水县。

　　直到1927年以前，武义属金华，是婺州①地界，宣平属丽水，是处州②地界。处州也叫括州，因为它在括苍山区。婺州属钱塘江水系，处州属瓯江水系，武义和宣平分属两个水系，以樊岭、清风岭、大黄岭、少妃岭、大殿岭一线为分水岭。但俞源却在清风岭、大黄岭的北麓，它的溪水经丽阳川（今名武义江）入婺江、兰江，经富春江而达钱塘江。俞源和武义县的联系因此早就很密切，风尚习俗也和武义相近。

　　俞源过去是宣平县两个最大的村子之一③，20世纪中叶已经有大约三百户人家，现在人口早过了两千。它能够发展成为一座人烟稠密而富庶的聚落，自有一些特殊的条件。

---

① 婺州：隋置。唐时辖今浙江武义江、金华江流域各县。明改为金华府。
② 处州：隋置。辖区相当于今浙江丽水、缙云、青田、遂昌、龙泉、云和等县。明改为府。1912年废。
③ 另一座大村是陶村，在俞源东北。

俞源南靠宣平的大山区，它位于一个狭窄的山坳里，水田不多，但山区物产丰富，很利于多种经营。有一首山歌唱道：

　　种田不如种山场，种起苞谷当口粮，
　　种起番薯养猪娘，种起棉花做衣裳，
　　种起靛青落富阳，种起杉树造屋做栋梁。
　　住在高山上，风吹荫荫凉。

多种经营萌生了以贩运为主的早期商业，这便是俞源潜在的优势之一。它在山脚之下，避免了山上的各种困难，向北出了它所在的山坳不远，便是广阔而富饶的金华盆地南端的武义平原，水田十分肥沃，这又是它的潜在优势之一。

俞源又有交通方便的优势。它位于从武义到宣平的大路上，也便是从婺州到处州的大路上。从婺州到杭州可经钱塘江通舟楫，从处州到温州则可直下瓯江，也通舟楫，因此，古时杭州和温州之间的官私交通都走这条路，也就是说都经过俞源。俞源北距武义城45里，南距宣平城也是45里，正是赶脚人一天路程的中点。加上它正处在山地和平野的交会点上，自然是一个歇歇气、换一双草鞋、吃一顿竹筒饭的好场所。俞源又是地方性小水运的起点。它身边的俞川溪将近20米宽，虽因多急弯，不足以通舟楫，甚至不通竹筏，但可以在旺水季节流放短木材，乡人叫作"赶羊"。下去十几里，到乌溪桥便可以编排外运。别的山货也能从那里经武义江直下钱塘江。俞源得了水陆转运、山货汇集的便利，所以很早就有小歇栈和小商店，村民的性格也比较开放。

单纯依靠山场，依靠官路和小溪，俞源人还是不可能富起来的。他们更重要的是依靠从迁来之始便有的社会和文化优势。大约从明代起，俞源村的主姓便是俞姓，俞姓的始迁祖俞德是南宋末年的松阳县儒学教谕。他有文化，也有比较多的社会联系，爱游历，眼界开阔，重视子子孙孙的教育。到元代末年，俞氏在当地就成了望族。俞源村的第二大姓是李姓，明初始迁祖李彦兴的叔父是一位进士，当过御史。弘治《俞源李氏重修谱序》说李彦兴"读书乐善，仗义丰财"，一到俞源，便娶了当时已经声望很高的俞氏的女儿为妻。李氏也很快成了当地的望族。正是这种社会和文化的优势，使他们能抓住交通和资源的潜在优势，至迟从明代晚年起便经营贩运，再以所得广置田产。他们的田产起初在山坳北口外的村子里，后来扩展到整个武义平原各处，极盛时连金华、宣平郊区都有他们的田产甚至田庄。俞源很快便胜过了远近很大范围里文化教育水平比较低的纯农业村落。在宗法制度时代血缘网络的作用之下，俞源村的俞、李二姓都有七八成的住户经商，并且拥有大量水田。普遍的富裕，促进了整个村子的发达，终于烟灶稠密，成了大村。[①]俞源人很狂傲地诌了一句话："金村、荷漾、溪口，不值俞源金狗。"金狗是清代嘉庆、道光年间俞源大财主俞志俊的绰号，金村、荷漾、溪口都是武义的大村。

俞源的自然形势非常有利于它形成一个内聚性很强的村落。它四面环山，谷地狭窄，只有南、北两个曲折的出口。南面的出口是崎岖的上山路。北面的出口有一座不高的凤凰山遮挡，由武义平原过来，左右的群山渐渐逼近，绕过凤凰山脚，突然就进了四面被山围住的俞源。这样的环境，能够强化宗族成员的认同心理，给村人以有力的安全感。村民称这个地形为"口袋形"，把村子的兴旺归因于它，说它只能往里装财宝，不会往外流失。这样的风水传说，反映出萌芽状态的商业活动还没有冲破村人对生养他们的土地的依恋。

俞源村的山水风光是非常美的。周遭的山，千形万状，有雄奇的，有秀丽的，有峻峭的，有浑厚的，重重叠叠，一层又一层，愈远愈高。几道深沟幽谷，切进群山中去，引出溪水，在岩石上左冲右突，跌扑而

---

① 20世纪50年代初，俞源村约1400—1500人口，本村的农田不过千亩，而在外地的土地超过3000亩。土地改革时，本村划为地主的有24户、富农4户，其中超过1/3兼营工商业。裕后堂房份就有36爿店铺，一直开到金华大溪。

下，溅成白花，哗哗地响。当年山上满布浓密的混交森林，四季变换着颜色。水中有鱼，天上有鸟，林子里奔窜着野兽，万物都在这里享受着生命的愉悦。明代初年苏伯衡①为俞源人写的《皆山楼记》描绘得很生动：俞源"介于群山之中，其地方广数里，山联络无间断。其溪折行山罅间，首尾皆自高趋下，初于山隙处遥遥望见，是为瀑布。其田皆垦辟山址为之，累石以为畔岸，高高百丈，秩若阶级。其路皆侧径，绿崖悬蹬，临流如曳练，隐见木末。其民居多负山，而因山以为垣墉，散处凡数百家。族大而望于乡者曰俞氏"［见清同治乙丑（1865）《俞源俞氏宗谱》］。俞、李二姓的宗谱里都说他们的始迁祖是因为爱这里的风景之美而迁来定居的。大约在元末明初，俞源就有了"八景"和"十景"，累世题咏不绝。村民们热爱这片栖居之地，几百年来给几乎所有的山、崖、洞、石，所有的溪、潭、井、泉，都编了引人入胜的神话故事和传说，使他们的生活环境充满了浪漫的诗意。大多数的神话故事和沉香劈山救母有关，周围的山水木石都因沉香的勇敢善良、因他与龙王和二郎神的英勇的战斗而生气勃勃。作为俞源村"发脉之山"的九龙山，传说本来是东海龙宫，沉香用宝葫芦吸干了东海水，龙宫变成了九龙山。②九龙山伸向俞源的一脉就叫龙宫山。

村民们也把俞源的富庶归因于当地的山水。这便有了大量的风水堪舆的说法。比如说：东面的九龙山是青龙，东溪水碧；西面的雪峰山是黄龙，西溪水浑。两条溪在村边合流，"清水冲浑水，浑水混清水，代代出财主"。俞姓的大宗祠就造在两溪合流之处。俞源大约是风水堪舆的传说最多也最神奇的村落之一，几乎所有的传说，都在解释和夸耀俞源的富庶。因为相传俞氏第五代俞涞的儿子、孙子都和明代开国功臣刘

---

① 苏伯衡，博治群籍，元末贡于乡，明太祖置礼贤馆，伯衡与焉。擢翰林编修，乞省亲归。学士宋濂致仕，荐伯衡自代，复以疾辞。后为处州教授。坐笺表误，下吏死。（见光绪《金华县志》卷九"人物"）

② 与沉香擒龙的故事有关的仙迹很多，如龙潭、入龙堂、斗龙葫芦、龙宫山、龙鳞石壁、龙宫塌石、龙宫瀑布、龙头眼睛、棋盘石、仙云、仙堂、仙峰岩、天门、乌龟崖、石佛冈、梦山、乌阴坑、天亮坑等。

六峰堂内景（李玉祥 摄）

基①（伯温）友善，这件事成了俞氏后代的骄傲，所以这些风水传说又常常和刘基发生关系。

可惜，现在和美丽的神话故事以及神异的风水传说有关的许多东西都遭到了破坏，在一个科学昌明的时代，这些神话和传说不免都显得幼稚甚至荒诞，但是，它们所映照出来的那些宗法时代农民们的理想和愿望，他们单纯的、近乎天真的自负，是很可爱的，而且具有认识的价值。它们本来可以像林花山鸟一样永远装点着河山，使河山富有灵气。

然而，现在俞源四周的山上连林木鸟兽都已经稀少了。1958年大炼钢铁的"全民运动"中，整山整山的树木砍了去烧土高炉，连几百年的古老香樟树也一样烧成了灰，把好端端的农具甚至饭锅炼成了废铁渣。武义有一首新民歌唱道：

① 刘基，字伯温，青田人。朱元璋定括苍，聘至金陵，佐朱灭陈友谅，执张士诚，降方国珍，北伐中原，遂成帝业。授太史令，累迁御史中丞。封诚意伯，以弘文馆学士致仕。被诬死。正德中追谥文成。民间传说中极擅方术风水等。俞氏宗谱中很简略地提到俞涞的儿子和孙子与刘基相识，村民们则夸张为俞涞与刘基同窗等等。

山中树木都砍走，山坑冷坞断水流，

　　一心炼铁火焰高，……哪怕畲山①剃光头。

　　山上没有了树木，涵养不了水分，青龙也变成了黄龙，两条溪水都浑了，而且雨少了就旱，雨多了就暴发山洪。1960年，赶上全国性的大灾荒，号召开山自救，更彻底地破坏了自然植被。于是，1961年一场大雨，俞源村里水深一米，浸塌房屋两幢，一座木桥和两座石板桥被冲走，村北溪流下游的堤坝大部冲塌。生态的破坏，到现在还没有动手去恢复，却恢复了过去的老迷信，年年到东南方沉香显过灵的龙潭去祈求龙王保佑。村后向阳的锦屏山上，只见新坟累累，光秃秃不见绿色。清明时节，满山细竹竿挑着的"蟒纸"，在东风中轻灵地卷扬飞动，烧剩的纸灰，高高飘起，悄悄洒落在村庄人家。村人们现在把锦屏山叫作大坟山，忘记了它过去美丽的名字。当然更没有人知道"金屏红旭"曾是同治乙丑（1865）《俞源俞氏宗谱》中记载着的"俞川十咏"之一。俞镠的诗这样写着："红日光从海峤腾，重重瑞气霭金屏。景添晓色山川胜，千古钟英此地灵。"金屏就是锦屏，那景色可就全变了。

　　俞源人过去拥有的大量农田在20世纪50年代初期的改革中失去了大半。以后，竹木砍光了，硬炭烧不成了，靛青淘汰了，苎麻也不种了。新建的武义到宣平的汽车路从村北几里路外的朱村转弯，不再经过俞源，它成了交通的盲肠。俞源人赖以致富的资源和交通优势都不再存在。过去全宣平县数一数二的富村俞源，成了贫困村。幸而近年重新有了转机，不少年轻人外出打工，收入不错，甚至有人自己买十几个座位的中型客车，专跑武义、王宅，一天能赚几十块钱。听说现在孩子们读书成绩都很好，或许俞姓人、李姓人的书香传统还能重新振兴俞源。但青龙也还得及早唤回！

_____

① 武义、宣平一带山区多畲族居民，所以把山叫畲山，前宣平县城现在叫柳城畲族自治镇。

如此村落

山形

俞源村所在的山谷，海拔大约170米，最宽处不过180米。北面的锦屏山有418.2米高。村南参参差差有一群更高一些的山，六个峰尖，总名六峰山。村西有雪峰山，村东有仙云山（啸云山）和龙宫山。外围，东南方的九龙山顶高670.6米，西方的井冈山顶高655.7米，南方偏东的一座山峰叫白岩冈，海拔在1000米以上。村基与山峰的相对高差超过500米，山高谷深，形势很险峻。民国《宣平县志》记载道光乙酉（1825）拔贡俞宗焕写的俞源《广惠观重修记》说："宣邑山水惟俞源为最胜。自九龙发脉，如屏，如障，如堂，如防，六峰耸其南，双涧绕其北，回环秀丽，绘如也。"把山形容为屏、障、堂、防，可见他笔下的山形都十分逼削。

20世纪中叶以前，遍山竹木荫翳，林业资源非常丰富。

水势

俞宗焕记文中所谓"双涧"，指的是俞源村这个谷底里的两条溪。民国《宣平县志》上说："俞源双溪……一自清风岭外来，一自九龙山

夯土住宅

来，两涧合，西流转北，经寨头会樊川水下金华到钱江口。"清风岭外来的，叫西溪，由南而北流到俞源，大约8—10米宽，是浑水；九龙山来的，叫东溪，由东南向西北流到俞源，大约10—15米宽，是清水。东溪又有两个源头：一个大致在正东，出仙云山和龙宫山之间的峡谷，叫仙云水；一个偏东南，出龙宫山的峡谷，因上游有沉香托梦的名胜龙潭，叫龙潭水。

东溪和西溪汇合在俞源村的西侧，那里有"八景"之一"双溪钓月"。汇合后的俞川，大约20米宽，再略向西流短短一程便转向北，过了锦屏山形成两个大河湾①，绕过凤凰山，便直下丽阳川奔钱塘江而去。

两条溪在过去森林茂盛的时候水量很丰沛，都是全岩为底，落差大，不断形成白花花的跌水，非常生动活泼。村民在溪边洗涤，汲取饮用水。东溪岸高水低，岸边砌长长的台阶下达埠头。俞川是土岸，长着芦苇和野草。

---

① 20世纪90年代初，县林业局干部、村人俞步升，为争取本村开发旅游观光，把这两个大湾的水叫成"太极水"，以附会刘伯温为俞源相风水的传说。

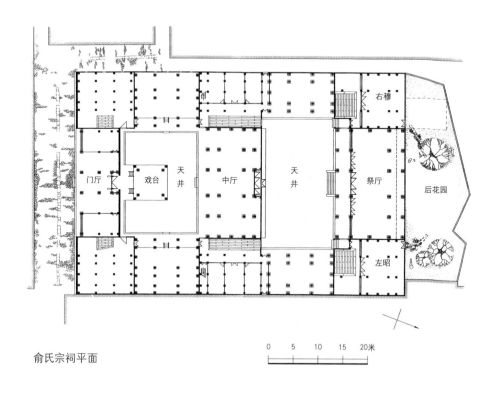

俞氏宗祠平面

0　5　10　15　20米

村落布局

　　俞源村形态为两岔。一岔长，前贴东溪，背靠锦屏山，长约600米，最宽处约170米。再往东南，山谷狭窄而陡，房基地很少了。另一岔短，在东溪西南岸、西溪东岸与小祠堂山之间，东西约200米，南北230米。再往南，小祠堂山根就贴紧西溪了。

　　从宣平到武义的南北大路从村子西缘经过。村子南口有单孔石拱桥，从西溪西岸跨到东岸进村，叫利涉桥；北口有三孔石拱的康济桥，由南而北出村过俞川。跨过东溪的桥是木梁，叫树桥，树就是木头的意思。沿东溪东北岸边有一条近3米宽的大路，由东南出村之后成小路，向东一支循仙云水到九龙山顶，东南一支先循龙潭溪走，过山之后到大莱口和少妃两个山村。

俞氏宗祠大门

村落又分为三个大区：东溪东北岸的东南部叫上宅，这一段对岸的小祠堂山逼到了溪边；东溪东北岸的北部叫下宅；下宅面对的东溪南岸叫前宅。上宅和下宅住的都是俞姓人。前宅为俞姓和李姓、董姓杂居：俞姓住北部；南部有个里巷门叫"陇西旧家"，里面住的都是李姓人；董姓人不到十户，也住在南部。上宅的俞姓以万春堂、裕后堂两个房份为主，下宅以声远堂、逸安堂两个房份为主。声远堂因为祖屋面对六峰山，这个房份便又叫六峰堂，而逸安堂的太公出自六峰堂，所以现在下宅一片就叫六峰堂，很少有人记得下宅这个名称了。万春堂、裕后堂和六峰堂都是六世祖善麟的后代。前宅的俞姓堂号德馨，是六世祖善护一脉。俞氏一些小房份没有堂号，杂住在上宅、下宅和前宅。李姓只有一个堂号，叫贻燕堂。

三个大区里，前宅是宋末俞氏初来时最早的居住地，稍晚来的李姓和董姓也住在前宅。明代末年，上宅发展起来，清代初年顺治朝，两次兵灾几乎毁尽了俞源村。乾隆以后又大规模重建。嘉庆、道光两朝是建设高潮时期，主要建设在上宅和下宅。上宅最富，现存全村最大、最精美的大型宅子在上宅，而且宅子都有花园，所以建筑密度低，巷子比较宽，全用细卵石精铺地面。下宅只有声远堂一座大宅，其余都是中等住宅，建筑密度大了一些，巷子的卵石地比较粗糙。前宅早年有过大宅，年代湮远，已经毁掉。清代后期，前宅的住户贫穷的多，现在多中小型住宅，全村的小型住宅集中在这个区，大多质量很差。前宅建筑密度最高，巷子最狭窄曲折，路面也低劣而且破损。大约明代嘉靖年间，俞昱在上、下宅之间造了一所大宅叫"桂花厅"，清初得名为祐启堂，立了房份，尊俞昱为太公，这地方叫"下明堂"。清代末年俞佐魁在上宅东南尽端以外一百米左右的地方建了些夯土房，买了一座旧书屋为住宅，民国初年建了一幢新屋，生了10个儿子，又建了些夯土小屋，这地方得名"十家头"。

村子里的社会分化在建筑和公共设施上都有明显的表现。上宅和下宅比较富，前宅比较穷，村民们说，俞源村分为两岔的形状像裤子，东溪东北岸的裤腿长盖住脚面，像有钱先生的，南岸的短，像劳苦人卷了起来的裤腿。宣平去武义的大路上跨东溪的树桥，过去一向是用粗大的苦槠树干一剖为二搭成的，因为北岸的俞姓人怕造了石桥风水便会跑过去，发了南岸的李姓人，败了北岸的俞姓人，1961年洪水冲垮了树桥，才改建成钢筋混凝土桥，起名为俞川桥。下宅和前宅间另外两座石板桥都是通向对岸前宅北缘的俞姓居住区的，其中一条直接通万花厅的后门。万花厅造于民国初年，是前宅最豪华的大宅，但被侵华日寇破坏。

宗庙

俞姓和李姓各有一座宗祠。俞氏宗祠在下宅的西尽端面对东溪。李氏宗祠在前宅的北部，背临东溪。俞氏还有一座单祀五世祖俞沫的孝思庵，叫小祠堂。又有一座造于永乐年间的崇本堂，是祀奉俞沫的四子善护的。孝思庵和崇本堂早已倾圮不存。俞氏宗祠很大，而李氏的比较简朴。俞氏宗族下分以堂号为标志的房派、房份，如声远堂、逸安堂、万春堂、裕后堂、德馨堂等，不过独立性不强，都没有建房祠或支祠。但上宅、下宅、前宅的俞姓各有一处香火堂。前宅中部还有俞姓的一座老祖屋，传说年代很早，属前宅俞姓公产。李姓不分房派，都属贻燕堂，所以也没有分祠。董姓只有一个香火堂，香火堂中不设神主，春冬大祭时挂太公像。俞姓三座香火堂前都有一方空地，叫龙头基，供节日擎台阁、闹龙灯用，宗祠春冬大祭后，各房份吃饭也在各自的龙头基上。上宅、下宅各以一座大宅的中厅为"公厅"，供房份中人家做红白事。前宅多小型住宅，没有中厅，所以老祖屋、香火堂供给族人做白事。

书塾

俞源村历来有义塾、家塾、私塾，对子弟进行基础教育。宗族公

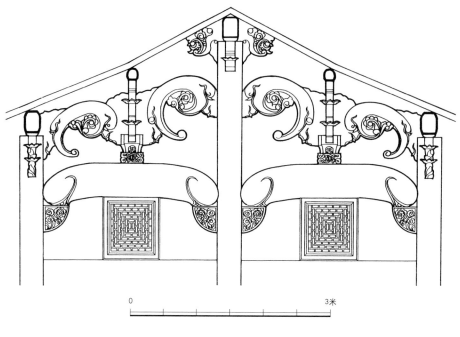

声远堂大厅梁架

立的设在宗祠或寺观庵堂内，私家办的设在宅内或宅侧的书屋里。专建的书塾有上宅的后朱书屋，位置在后来的十家头；有六峰书馆，在六峰堂左后方；还有李氏的培英书屋，在前宅中部。三座书屋都建于清代初年，现在除后朱书屋因为被俞佐魁家买去做了住宅，保存完整外，另两座都已残破，但构架和屋面还在，面目依旧清晰可辨。此外，乾隆年间还在上宅香火堂前造过一座书塾，民国年间被武义城里人买去拆走了。

水碓、酒坊、靛塘和商店

粮食加工靠水碓，充分利用了水力。上宅东南角外，东溪上有一座水碓，叫上水碓。上、下宅交界处有一座中水碓。上水碓塘在溪东北大路内侧，形状像大刀，村民说，这把大刀附近的人家多出蛮不讲理的人，现在还有，叫"背刀人"。中水碓塘在路外侧，紧贴东溪东北岸，长达60多米，而宽不足20米，形状像斗笔，它附近人家多出书法家，最有名的是光绪年间的拔贡俞锦云，县官老爷和四乡缙绅请他写字都要专门派轿子来接。现在虽然废了毛笔，但中水碓塘边一家小店里整天坐着一位跛脚的青年，用旧报纸练习写大字，已经很有可观，年节时写楹联出卖，平日给人写喜联之类，收入聊可自给。另有一座水碓在双溪合流处的下游。

前宅也有一座水碓，在利涉桥北面不远的西溪之上。传说它和上、下水碓都是明代就有了的。

现在舂米、磨粉都早已经电气化了，水碓拆掉，水碓塘也填平了。中水碓塘的遗址上造起了几幢新式楼房。往昔水光粼粼、杨柳依依的风致再也看不到了。

东溪北岸，树桥下游，挨近双溪合流处，有一座酒坊。村外山麓，主要在十家头往东和利涉桥以西的"美女献花形"山脚下缓坡上，旧日分布着不少加工靛青的水塘，叫靛青塘，用本村盛产的靛青制作染料。在化学染料传入之前，中国农村居民绝大多数衣着是蓝色的。

村子西部，树桥南北的宣平至武义的大路边，有一家歇店和几家杂货铺。下宅沿东溪路边也有几家，其中有两家药店。上宅沿溪有些商店，专做洞主庙庙会期间的生意，平常日子歇业。前宅东北边缘面临东溪也有几家店铺，其中一家是兰溪县诸葛村人经营的药店。

墓地·义冢·孤童塔

俞氏有三处祖坟比较重要。一处在宗祠大门右前方，是始祖俞德、二世祖俞义、三世祖俞至刚、四世祖俞仍的墓，建于宋末到元末，20世纪50年代被拆除。坟地曾有坟林，也被伐尽。一处在村北锦屏山南麓的白坟冈，是五世祖敬一公俞涞的墓，造于元末。村民说，白坟冈是龙头，龙尾远在福建，龙身蜿蜒千里。墓成不久，天下大乱，国师夜观天象，判定南方将出新主，急忙启奏皇上。皇上立即派兵，由国师率领，找到白坟冈俞涞墓。扒开一看，俞涞的尸体没有腐烂，身上已长出了龙鳞，只要龙眼一睁，俞源就要出真主。国师连忙带兵毁了俞涞尸首，并且在白坟冈后挖了一条沟，断了它和锦屏山的联系，也就是断了龙的"七寸"。传说固然是无稽之谈，但白坟冈这个凸出的小山包，从朝到暮三阳高照，是俞源自然环境中光照最丰富的地方，在冈上可以俯视全村，全村都可以看到冈上。现在冈上布满了坟墓，重重叠叠，已经没有了一点儿空隙。

另一处重要的坟地在利涉桥西南，即"美女献花形"的东山坡。那里的山形隐约像个仰卧的女体，有头颅、躯干和四肢。在她的胯下有终年不竭的泉水溢出，是阴津，那里便是产门。俞涞次子善麟之子恭四公道奇的墓就在那位置上，阴阳先生说，所以恭四公后裔最旺、最发达。上宅的万春堂和裕后堂，下宅的声远堂和逸安堂，以及下明堂的祐启堂，都是他的一脉。恭四公的墓在20世纪60年代后期"农业学大寨"改山造田运动中被挖，据说当时看到棺木是用铁链吊起来的，显然墓穴中真的有水。产门多阴津则子孙多。利涉桥南，西溪东岸，面对"美女献花形"有山，形如男根。村民传说，恭四公后裔俞大有四岁的时候，冬至日祭祖之后在上宅龙头基吃馂余，桌上两碗豆腐、两碗萝卜、两碗毛芋，中央一碗猪肉。有两个徽州客人看到"美女献花形"风水好，到席上寻找房长要出高价买下。忽然，大有扑上前去抱住肉碗，说："手背肉，手心肉，别人吃得，我为何吃不得？"徽州人大惊道："不买了，不买了，此地风水人才已出。"立即怏怏而去。俞大有后来成了嘉靖进士，是俞源村唯一的进士。

民国《宣平县志》载，俞源俞氏有两处义冢，"一在俞源乌石口头，一在俞源观前六百堰头"。观前即水口广惠观前，乌石口在俞川西岸正对丛菻①的一条山沟里，都在村北。村南端利涉桥西坡踏级有一块后补的石板，上刻"义祭孤墓总坛"几个字，这总坛在桥南山谷里，是俞氏为外姓无主的野尸设立的。

"美女献花形"下有七口井，村民也传说是刘伯温按北斗星定的位置，总称七星井，喝了这些井里的水，就能体力大增。明末隆庆年间造

---

① 菻，音蓬，茂密的意思。

俞氏宗祠的时候，一些小伙子喝七星井水，眼珠发红，一个人可以用铁扁担挑两个石柱墩，每个四百斤。[①]现在井已经没有了。

　　俞源还有一座孤童塔。整个宣平县只有两座孤童塔，民国《宣平县志》载："一在俞源丛森后，一在吴宅前山，均由村人募建。婴孩夭折，即埋此塔，以免暴露。"夭折的七岁以下孩童是不许正式下葬的，又怕随意丢弃被野狗之类吃掉，就用石板搭了孤童塔。塔分男、女两室，上面有洞口，可以把童尸丢进去。每年清明节由宗祠请和尚或道士来做道场超度，隔二十年开塔清理遗骨，集中掩埋。

寺观庵堂

　　俞源村"天门"的洞主庙以及"水口"的广惠观和夫人庙，是村中最主要的宗教建筑和公共活动场所。除此以外，俞源村附近还曾经有

洞主庙（李玉祥 摄）

---

① 这"七星井"的故事远远早于上、下宅"七星塘"的故事，后者显然是仿造自前者的。

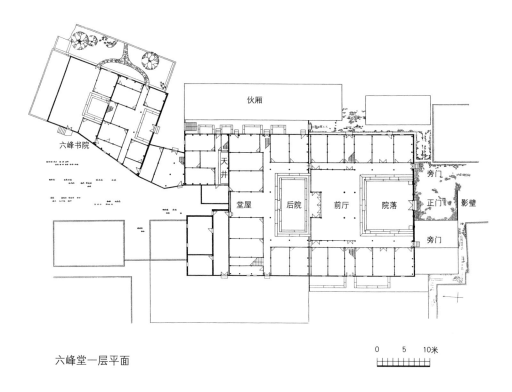

六峰书院

伙厢

天井

堂屋 后院 前厅 院落

旁门

正门 影堂

旁门

0 5 10米

六峰堂一层平面

过一些和村子关系密切的寺观庵堂。一所在"美女献花形"东坡下，叫木四相公庙，又叫"西公殿"，现在村民都不知它供奉什么神灵。它旁边还有一座经堂庵。经堂庵过去当过学塾，因为山上有霹雳大仙在沉香救出母亲后现形收回沉香所借宝器的石佛冈，所以又名石佛脚书堂，遗址至今还被称为书堂基。这两座庙都是20世纪50年代拆毁的。村东仙云山深谷里有慈姑庵，村西雪峰岩上也有一座庵。民国《宣平县志》记："慈姑堂岩在俞源东仙云山上，旧有庵，常燃琉璃灯，与雪峰庵中灯相照。今庵废，址为民居。"又记雪峰岩："在俞源西，上有石屏，地广亩许，六月生寒，有庵，今废。"

楼·堂·亭·馆

明初和明末清初，是俞源俞、李二姓文化和经济水平很高的时期，

万春堂门屋门局部

他们在村落边缘造了些赏玩山水或者潜心读书的建筑。俞氏建造的有读书用的皆山楼，在丛𥤐对面西山脚下；有静学斋，在前宅，同治四年（1865）《俞源俞氏宗谱》中说它在"六峰之右，共十二间"；有赏玩山水用的团峰亭；甚至还有一座专为招待宾朋来游览时住宿和进餐的宾馆，叫迎玩堂，大约也在前宅。这四座建筑都造在明代初年，同治四年《俞源俞氏宗谱》里亦有记载，当时已经"久废"。李氏则有两座景观建筑，一座是明末的环翠楼，另一座是乾隆年间的从心亭。从心亭侧是一个小小的园林，有池有桥。这两座建筑都在前宅东边的小祠堂山西麓，紧邻李氏聚居之处。

塘·树

像南方村落中常见的那样，俞源村里曾有二十几口水塘，是日常洗涤和防灾用的。①水塘不大，都用条石砌边。现在填掉了六口，村民说，因此风水败了，发生了火灾，发生了塌屋事件。事实是，有一家人把厨房造在填掉的水塘上，地基软陷，所以倒塌了。没有了水塘，东溪河床又低，取水不方便，一旦失火，就很难扑灭。1985年便烧掉了上宅的一幢中型住宅。

上宅香火堂前，龙头基左右原来各有一口水塘，叫龙头眼睛。村民传说，因为长久没有人清淤，所以前些年那里出了个打死父亲的逆子。现在又填平了一口，村民们更惴惴不安，怕出天大的祸事。

另一件使村民们不安的事，是村中几株古树被伐掉或者枯死。一株是上宅中央的八百多年的古银杏树，高出全村房屋之上，树冠宽阔，村

---

① 近年村民某人杜撰：其中上宅和下宅的七口塘是刘基对应着北斗七星的相关位置挖成的风水塘，所以总起来叫七星塘。刘基为俞源看风水，布置太极水、七星塘及依二十八宿安排大宅位置等，均为20世纪90年代为开发旅游新编的"故事"。如今的上、下宅是清代中叶建成的，与刘基无关。七口塘的位置是：下田屋边、下潜、下菜园、六峰堂大厅左前角、上宅水碓塘边、枫树脚、大菜园。

人叫"宝伞盖顶"。在裕后堂前有一对枫杨树,也有几百年树龄。这三棵树是风水树,都在20世纪60年代枯死被伐。村民们也很怕会有什么祸事发生。

利涉桥为元末俞涞所建,"虹桥柳色"是《俞川十咏》之一。俞镠有诗:"虹桥春色东西渡,杨柳平川一望新。弱态不禁疏雨醉,柔枝轻染暮烟匀。影垂清昼移朱户,翠倚东风拂画轮。袅袅偏临行别道,离人错认古园春。"[见同治乙丑(1865)《俞源俞氏宗谱》]俞氏大宗祠前,东溪北岸,过去也曾古树参天。如今,两处的树木都已没有。

村南侧的小祠堂山上已经没有老林,近年种了竹子。它背后的六峰山上的次生林长得很茂密。

天门·水口

俞源村有两个风水术上所称的"天门",一在东溪上游,即村子东南口外将近100米的洞主庙旁,一在西溪上游利涉桥头。

民国《宣平县志》载:"九龙山,在县东北四十里,四山蜿蜒起伏,中捧一珠,为俞源发脉之山。"从九龙山巅,有一条山脉箭直向西北奔来,叫龙宫山,到仙云水和龙潭水汇合处突然而止。据风水堪舆的说法,脉遇水而止,尽处是真穴,洞主庙正好在穴上。庙背后山上古树浓密,起伏的树冠像海洋中绿色的波涛。

俞源村的"水口"有大、中、小三道,逶迤千余米,很有层次。从北面到俞源来,原是视野开阔,转过俞川西岸的凤凰山脚,忽然便进入了山谷。凤凰山和对岸的东坑口山形成了风水上的"狮象把门"。凤凰山形状团圆,如狮首,东坑口山山脊平直而向前倾斜,如象鼻。这是俞源的中水口,距村口大约700米。大路贴凤凰山而过。凤凰山东坡山根有一座广惠观,是仅次于洞主庙的宗教建筑和公共活动场所;东南山根则有一座夫人庙,夫人叫陈十四娘娘,是妇女和儿童的保护神。庙附近有一座节孝坊,民国《宣平县志》说"为儒童俞圣猷之妻徐氏立"。往南100多米，便是三孔的康济桥。桥南又有一座节孝坊，民国《宣平县志》载"为儒童俞新旗之妻金氏立"。两座牌坊都是石质的，四柱落地，三开间，高约7米。它们分别建于清代道光二十年（1840）和三十年（1850）。建金氏牌坊的时候，俞氏家道早落，又不敢违抗已经请下来的圣旨，只得倾产建坊，弄得一贫如洗，所以村民叫它"见鬼牌坊"。从金氏牌坊往南，离村子300米，便是一片50多亩的古树林，都是枫香、苦槠等阔叶树，株株几人合抱，浓叶密枝遮天蔽日。林中杂草、灌木一人多高，鸟雀乱噪，松鼠奔窜。同治乙丑（1865）《俞源俞氏宗谱》称这林子为"松蒅"，它是俞源村的小水口。从树林到凤凰山之间，俞川转了两个大弯，可能由人工整挖过，避免风水术上所说的去水直泻无情。①大弯两侧开阔，都是肥沃的水田，应是小明堂。

凤凰山之北大约一里多路，还有一个大水口，现存一道三孔的石拱桥，叫万安桥。

宣平、武义的村落很重视水口，希望它"藏风聚气"，郭洞、樊岭脚等村的水口都很优美，有自然山水之胜，又有桥、阁、庙等"闭锁"。俞源的水口建筑群尤其有气势，它把俞姓家族的富有表现得淋漓尽致，也用两位妇女一生的血泪"荣耀"了家族的"教养"和"体面"。

从丛蒅过来，到俞氏宗祠背后，有一道一人多高的用大石块砌的村墙，东端起自锦屏山脚，西端到俞川河边。位于宗祠东侧的拱门叫宣武门，宣平至武义的大道通过；西侧的叫庆丰门，门外便是肥沃的水田。这道墙在咸丰八年（1858）和十一年（1861）先后抵挡过石达开和李世贤的太平军，但在1958年拆掉了。

1940年，浙江省政府为避日寇拟迁至俞源而修建公路，康济桥被改造成了钢筋混凝土大桥。广惠观、夫人庙在20世纪50年代的土地改革中被分给附近山上的畲族农民，不久被畲民拆掉，把木材等运回山上去了。贞节牌坊毁于20世纪60年代的"文化大革命"。"丛蒅"里近年新造

---

① 20世纪90年代，村中有人把它附会为刘基规划的"太极水"。

了乡政府的办公楼和宿舍，里面的孤童塔被毁，古树被砍伐不少。

朝山·案山

俞源的朝山（向山）是村南偏东的白岩冈主峰，海拔一千多米，是这一带最高的山。民国《宣平县志》载："巅上一岩高耸，名大石尖，俗呼龙头眼睛，登其上可观武义、金华。"但道光辛丑（1841）《俞源俞氏宗谱》有一篇短文残页说俞源的朝山是剡心山。

洞主庙西侧，隔龙潭水，有一个小山包，叫小祠堂山，是村子的案山。山上也曾经覆满古木老林。传说小祠堂山的树林和水口的丛棽都是元代末年五世祖俞涞（1314—1357）主持种植的风水林，附会为是刘基（1311—1375）出的主意。①小祠堂山背后的脉来自朝山白岩冈。脉很硬，直抵东溪西南岸，尖端指向上宅和下宅之间。村人说，这像尖刀刺心，风水很不好，所以叫它剡心山。刘基因此建议种了树，把刀尖钝化、软化，可以补救一点。

1990年出版的新《武义县志》载："明洪武十一年（1378），宣平俞源为保风水，在龙宫山口挑土栽树，在村口丛棽荒地造林，栽苦槠、枫香、青冈栎、望春花、粗榧、乌樟等50亩。"照这个说法，则树木只可能是俞涞的儿子们主持种植的。现在案山上的老树已经几乎伐光，只有新种的竹木萧萧。

建筑系统·自然环境·堪舆风水

俞源村的建筑类型比较丰富，有住宅、宗祠、香火堂、公厅、学塾、书屋、寺观、庵堂、客舍、商店、歇栈、坟屋、孤童塔、牌坊、桥梁、水碓、酒坊和风景休闲性楼台亭阁等，旧时农业社会中大型村落应

---

① 在各地的民间传说中，刘基一向是这种半仙半妖的角色，连北京的十三陵都荒诞地传说是他相的龙脉。

有的建筑类型大体齐备。这个建筑系统满足了在当时水平上村民生活、生产、精神、文化的多方面需要。从村落整体来看，街巷、村墙、村门、水塘、水井、坟冈、义冢以及堪舆术中的天门、水口、朝山、案山，也都一一不缺，甚至还有八景、十景。这样的村落的组成因素和组成方式，在江南地区都是很典型的。

特别值得注意的是俞源村的布局结构和它与自然环境之间的密切关系。村子既顺应了自然，也利用了自然，而且适当地改造了自然。顺应、利用和改造，有些是出于现实的需要，有些是出于审美的、伦理的和文化生活的需要。还有一些，则是由于封建宗法制度及低下的知识所产生的迷信和心理的需要，许多风水术数和一部分神话传说就产生于这种需要。风水术数和神话传说往往是荒诞无稽的，但它们一般都曲折地反映出村民的生活和思想状况，以及他们的愿望、追求和他们的利益。例如，俞源位于山区，村口的路边或远或近都会有些露出在地面的岩石。村民们说，这些岩石是守护俞源的看门狗。武义方向，凤凰山下有一对岩石，宣平、九龙山、大莱口方向各一块，一共五块，叫"五狗把四门"，所以钱财只能进俞源，不能带出去，俞源人因此富裕起来。外村人到俞源来赌博，都要备利市、香烛拜这些"狗"，否则必输无疑。

这个传说，反映了俞源人富裕以后的得意和对安全的渴望，反映了外村人对富裕者的羡慕和敬畏，并且也反映出俞源人和外村人共有的万物有灵论的自然崇拜，相信自然现象能左右他们的吉凶祸福。

南方各地普遍讲究风水，而俞源村的风水术数之说特别多，这有两个原因。一个是，明代本村出过两位堪舆家，一位叫俞逸，九世，民国《宣平县志》说他"博学宏才，不干仕进……因（国初）兵荒输谷四百石，授以冠带，不受。著有《地理正宗》"。同治乙丑（1865）《俞源俞氏宗谱》载：逸"字伯宁，以隐为高，喜览佳山水，攻堪舆术"。另一位叫俞札，十世，民国《宣平县志》载："字友闻，博学多才，弃举子业，精研阴阳术数之学，历览天下名山大川，以壮其气。"

俞札于明代成化间游山西，曾为绛阳王座上客，留有《绛阳送别图卷》，说他是因"遭正统戊辰（1448）乱，废学"。刑部尚书何文渊在图卷上题诗："车骑纷纷远送君，骊驹声叠岂堪闻。一杯钱别河东酒，千里相思浙右云。旆返金华添喜色，人从绛郡念离群。临歧莫厌重留恋，为惜情多不惜分。"[见同治乙丑（1865）《俞源俞氏宗谱》]

另一个原因是，宗谱载俞氏五世祖俞涞之子善卫、善麟、善诜、善护等和善麟之子道坚（字文固）都与刘基相交，传说刘基少时与善护在丽水同窗读书，①发迹之前在善护建造的皆山楼里教过书，给俞氏的雁行次第拟了"敬卫恭仪像，权衡福寿昌"十个字，发迹后曾推荐善诜的儿子任朱元璋的锦衣卫镇抚。俞源人很以这段交情自豪。刘基是杰出的明初开国功臣和文士，一向以精通阴阳术数闻名天下，各处都有他看风水的传说，俞源人当然更乐于附会了。

传说和神话中，大多涵蕴着很天真质朴也很浓烈的热爱乡土的感情，能够深深地打动人心。它们不仅仅能帮助人生动地了解俞源村的布局结构和一些人工处理，还能使人感到洋溢在全村和它的环境中的人情味，从而进一步爱这些淳厚的对生活充满了希望和情趣的村民们。

---

① 见道光辛丑年（1841）重修《俞源俞氏宗谱》卷之一，万历甲寅（1614）吴从周撰《俞氏族谱后序》。但刘基生于1311年，俞涞生于1314年，善护为俞涞之第二子，故刘基与善护同窗读书似不可能。

建村小史

村之初

如今俞源村六百多户、两千多人口中，俞姓大约占八成。其次是李姓，董姓不到十户，剩下的便是三十个上下的人数很少的小姓，如泮、张、伍、陈、周、罗、林、工、吴、茜等，还有蓝、钟两姓的畲族人。洞主庙里正座中央供的"洞主老爷"，神厨上写的是"三姓社主"，三姓就是俞、李、董三姓，社是乡村里一种政教合一的基层组织。办庙会，三姓要轮值。

俞姓是南宋末年从丽水迁来的。李姓是明代初年从括州九盘山迁来的。董姓则是明末万历三十年（1602）由南边大黄岭迁来，住在"美女献花形"一带。道光年间重修洞主庙时，俞源共有六甲，俞姓四甲，李、董二姓各一甲。那时董姓有72人，后来逐渐衰落。

早在俞姓迁来之前，这里就有朱姓和颜姓的小村子。颜姓的村子位置偏西，现今俞氏宗祠前面的地名还叫颜背冈。凤凰山下广惠观那里，从前叫颜村口，有过一座李冰庙。估计颜村应在丛桑一带。俞氏四世祖俞仍的孺人是颜氏，从始迁祖俞德到俞仍，都是单传，颜氏生了三个儿子，从此子孙繁衍，蔚成大族。因此，俞氏宗祠的寝堂东边三间小跨院供奉颜氏先祖，叫颜祠。村人传说这三间是建于宋代的颜氏宗祠的一部分，保留下来的。但看来不像宋代建筑，而且宋代庶民还不得建宗祠。同治乙丑（1865）《俞源俞氏宗谱》的宗祠图里，寝堂东边的三间叫"改衣所"，并没有提到颜祠，颜祠之说可能是讹传。但村民认为俞姓宗祠里应有颜氏的一角，可见在宗法制度下，氏族的丁口兴旺是宗族关心的第一件大事。

朱姓的村子位置偏东南。传说朱村又分前朱、后朱两部分。现在村子尽东南端的十家头，有清初康熙年间俞从岐造的一座书屋，叫后朱书屋，给朱村留下了一个地名。上宅裕后堂前的小巷以前也叫后朱巷。上宅俞氏香火堂东侧不到一百米，有一座朱姓太公坟，年代久远，没有后人照顾，已经埋没大半，但还露出三层雕花大青石条。砌体长达五米以上，可以想见当年的壮观。

道光二十五年（1845）的《洞主殿碑记》说这座庙始建于宋代，据说庙是朱姓创立的，则朱姓可能在宋代已经在这里定居。现在俞源村已经没有朱、颜两姓的人了。

俞氏始迁

关于俞氏的来历，同治四年（1865）《俞源俞氏宗谱》保存了一篇写于明末万历甲寅年（1614）的《宣平俞源俞氏宗谱序》，那里说：俞氏"钱塘之族，于唐季避地越东，分派婺、括诸郡。至讳德字处约者，仕宋松阳教谕，经游俞源，雅爱其地山水之胜，遂卜居焉"。这"雅爱其地山水之胜"，到一百几十年后乾隆年间的《增修宗谱又序》里被神话化了，那里写道："始祖讳德公者，原籍杭城，授官于松邑教谕，在任辞世而行枢以回，经宿于斯，昼夜之顷，枢遂陷地，紫藤结络，次日枢不果行，即庐墓之。虽不敢云所居成聚，爰处数载，家业渐兴，而人丁亦渐盛焉，岂非天地之眷顾有在山川之秀气所钟。"这则神话的产生，大约和俞德的墓位于村子西缘婺、括两州间的大路边有关。类似的古村落"择地"的神话，其实往往产生于居民早已定居之后，神话的作用则在于加强村人对土地的依恋，这种依恋是农耕时代宗法共同体所需要的。

今金华市孝顺镇浦口村的《俞氏宗谱·仕官录》里有俞德的儿子庭坚于南宋淳祐十年（1250）由浦口迁武义俞源的记载，并明确提出是因为俞德爱俞源山水的秀丽。虽然庭坚和俞源宗谱上所记扶父枢返乡的俞德之子俞义的关系尚不清楚，但俞氏是在南宋时因俞德爱俞源山水之美而于俞德生前或死后迁来俞源的，这一点并无可疑之处。可见紫藤缠棺之说纯粹是伪造之辞，并晚于实际迁来数百年，其时俞源早已人丁和经济两盛了。

俞氏初来时定居于东溪之南、西溪之东的前宅。

明初大盛

俞源俞氏的兴起始于元代末年五世祖敬一公俞涞。民国《宣平县志》说他："号二泉，博学宏才，志存康济。元末盗起，有保障之功，监司表为义民万户，谦让不受，以布衣终。平生往来诸缙绅间，故太史宋公濂[①]志其墓，苏公伯衡记其祠，刘公基赞其像，咸备录焉。善吟咏，所著有诗集若干卷，毁于兵火。"

所谓"保障之功"，道光辛丑年（1841）重修《俞源俞氏宗谱》载万历甲寅（1614）吴从周撰《俞氏族谱后序》说俞涞："时（按：为至正甲午，1354）元政衰乱，盗贼蜂起，因命四子纠集民兵，保卫郡邑，又尽出其所积，以饷卫士，卒赖保全。守括城石末公宜孙表为义民万户。"据洪武甲子（1384）苏伯衡写的《竹坡俞处士墓志铭》说，这场镇乱事件中，俞涞的次子善麟起了主要作用。估计当时俞氏人口不足三十，而能纠集民兵，可见这个家族已经很有声望，并且很富有。乱平

---

① 宋濂，浦江人，元至正中荐授翰林院编修，以亲老辞不赴，隐东明山著书，历十余年，明初以书币征，除江南儒学提举，命授太子经，修元史。累转至翰林学士承旨知制诰，以老致仕。

之后，他们的居住地便得名为俞源。

大约是因为始迁祖俞德曾任松阳县儒学教谕，而"仕无几何，辄尔脱却名利关，创此安乐境"［见道光辛丑（1841）《俞源俞氏宗谱》］，所以，子孙们都受过良好教育，能诗能文，且"不干仕进"。俞涞的四个儿子善卫、善麟、善诜、善护以及善麟的儿子道坚（字文固）和善护的四个儿子，传说都和苏伯衡交游很深，宗谱里说也和宋濂、刘基、章溢、何文渊、许谦很有交往。①由于明代初年俞家和许多大名人往来，群贤毕至，所以景泰三年（1452）设宣平县时，命名俞源所在的乡为集贤乡。俞氏宗谱里有苏伯衡不少文章，其中如《皆山楼记》，见苏氏的文集和《四库全书》，交游的事比较可信，其余诸位便无从查证了（据说后来交往的还有成化状元江右罗伦）。

这祖孙三代在俞源开始了重要的建设。俞涞造的利涉桥、康济桥，民国《宣平县志》有记，至今还在。水口丛菻和案山小祠堂山的风水林是俞涞或他的儿子主持种植的。他又自号二泉翁，源自双溪，可见当时俞源村的大格局已经定位。俞涞于元至正丁酉（1357）下葬。以上的事都发生在元代末年。

相传俞涞的故居在前宅，善卫和善护在前宅各造了一幢三进的大型住宅，现在还有痕迹，显然当时俞氏的主要居住地还是前宅。俞涞的墓在锦屏山下的白坟冈，他四个儿子给他造的祠"孝思庵"（明洪武七年，1374）在"墓以南一里许"［苏伯衡《孝思庵志》，见同治乙丑（1865）《俞源俞氏宗谱》］，那位置正是后来上宅的中心，看来当时那里仍然多空地。可能东溪东北当时还有朱、颜二姓不多几户人家的村落，白坟冈以南一带恰在朱村和颜村之间的田畈中。

善卫造了一座迎玩堂，同治乙丑（1865）《俞源俞氏宗谱》载：

---

① 章溢，浙江龙泉人。元末统乡兵屡平剧盗，授浙东都元帅，辞不受，隐匡山。太祖以币聘之，累拜御史中丞。福王时谥庄敏。何文渊，广昌人，永乐进士，历官刑部侍郎，吏郎尚书。许谦，金华人，于书无所不读，隐而不仕，晚年讲学，从者千余人，卒谥文懿。

"在宅之右，共十二间，临水坐山，接待四方游玩之士，岁收义田租二百亩以充供具，后毁兵火。"这是一座旅游招待所，有固定的土地供给经费，在农村很少见。善卫的住宅距小祠堂山不远，迎玩堂当在前宅西部。宗谱说善卫："号西峰，好贤礼士，不惜千金。尝与宋公濂、苏公伯衡友善，钟情山水，善于诗，有诗集藏于家。"①

善护，自号皆山，宗谱说他："居士雅志清修，不求闻达，而当时士大夫尤加礼重，交赠词章，多毁兵火。"他自号皆山，在丛𣗳对面西山脚下依山就势造了几层楼房，叫皆山楼。苏伯衡给他写了一篇《皆山楼记》，描写俞源景物，十分生动，尤其写俞源的山，笔墨酣畅淋漓。公卿士庶所赠的题咏多焚毁，宗谱只存《题皆山图卷》诗三首，一首佚名的七律是："盘谷不知何处山，君家真是万山环。百杯春复酒怡老，一枕日高天趣闲。水墨残巾藏措大，江湖前梦说邯郸。披图一笑逢摩诘，北沂南坨欲往还。"

善麟的儿子道坚建了一所读书用的静学斋，有苏伯衡和洪武年间翰林院博士吴从善的记，俱见宗谱。宗谱说道坚："号江山息兴散人，通书史，善词赋，交游遍天下，财裕而能施，情逸而能制，一时宦达咸雅重之，其所赠遗并所著作多毁于兵火。"苏伯衡又给他写了一篇《江山息兴图卷序》，其中说："括苍俞文固，尝涉江湖，浮淮泗，溯河洛。北游齐鲁，以至燕赵；西略秦陇，达于平凉。历览天下之奇闻壮观数年矣。"息兴归来，建斋静学，当然选幽僻的地点，据同治乙丑（1865）《俞源俞氏宗谱》说，静学斋"在六峰之右，共十二间"，则大致仍在前宅。"俞源八景"就在道坚时命名，他曾有题咏。

永乐乙未（1415），善护的四个儿子在父亲的墓侧造了一座崇本堂，"为岁时祀奠兼容性之所"，在西山。苏伯衡写的记里说道："其为宇也，不朱其楹，不雕其甍，昭其朴也。限以缭垣，严其封镳，昭其敬也。"

善护长子胜宗造了一座休闲游乐性的团峰亭，"为适志之所，因号

---

① 宋濂年长于善卫甚多，此说恐不可靠。

团峰主人"①。宗谱说他"隐德重于公卿,赠以团峰图卷",也毁于火。他"善于诗赋,存有遗稿"。江右状元罗伦《题团峰主人图卷》诗描写了胜宗的志趣:"主人风节比峰高,峰下幽亭乱着茅。石榻卧龙含暮雨,瓦盆留客簇山肴。松围茶灶烟垂荫,竹压柴门露滴梢。误向红尘问消息,归来林壑莫相嘲。"这个游历很广的人,性情非常散淡潇洒。

元末明初以前宅为中心的这些建设,尤其是文化和赏玩性的建筑,说明大约经过一百多年的发展,俞源俞氏虽然人口还不很多,却已经在经济上很有实力,文化上很有修养,社会上很有地位,显示出这个家族的巨大潜力。

俞氏子弟,虽然都受过良好的教育,有诗集存稿的不少,壮游天下的不少,画图卷的不少,却少有治经史的,更大多"不乐仕进",所以,一个世家大族竟没有大的科甲成就,因此也没有人担任过比较高的官职。不过,或许正因为这种家族的浪漫气质,才使俞源留下了那么多的神话、传说和故事,几乎覆盖了每一处山岭溪谷。

明末再盛

俞涞之后,平平常常过了一百多年的乡绅生活。

这中间村子经历了导致宣平设县的景泰初年由陶德义为首的银矿工人起义的焚掠。到了嘉靖年间,俞源俞氏才兴起了第二个高潮。这时候族里出了几个人物,第一位是嘉靖五年(1526)丙戌科的进士俞大有(六峰公),任礼部观政,次年便卒于乡。这是俞源前后几百年里唯一的一名进士,虽然没有来得及有所作为,但影响无疑不小。另一位是俞昭(雪峰公),嘉靖十三年(1534)以贡生除授山西省代府审理。八年后进阶奉议大夫,致仕林下,预修处州府志。第三位,也就是最有影响的一位,叫俞世美(苏溪公,1514—1585),嘉靖三十二年(1553)由岁贡入北雍。

---

① 据同治乙丑(1865)《俞源俞氏宗谱》,胜宗字文献,苏伯衡《崇本堂记》则说文献为胜安字,胜安为胜宗弟,此处从宗谱。

同治乙丑（1865）《俞源俞氏宗谱》说他"以词章为时相严公讷所重，名震两都，除授江西宜黄县令，所著有《朝京复宜稿》并杂咏诗若干卷刊行"。隆庆三年（1569），钦差巡按江南两广等处监察御史马明谟赠匾奖励道："抚州府宜黄县知县俞世美，性直朴而不浮，才强明而有干。用从节俭，词讼剖决无停耗。务蠲除，钱粮征解不误。丈量山界，穷民无赔赋之忧；修理学宫，庶士有乐育之庆。盖才守迥出寻常，资格有不能拘者。"〔见同治乙丑（1865）《俞源俞氏宗谱》〕世美也和归有光相熟，诗文往还。此外还有嘉靖贡生四川富顺县主簿俞赞、嘉靖贡生山东青州经历俞欽、隆庆贡生福建汀州府宁化县儒学教谕俞鸣谦等。

短期内不但出了这么几个有功名、有官职的人物，还有两位阴阳地理家俞逸和俞札。俞札壮游天下，交结朝野达官名士，眼界开阔。于是俞源俞氏一时有了生气。明代晚期，朝廷着力提倡宗族制度以作为稳定社会基层的措施，允许庶民建造宗祠。于是，这时俞氏的第一件事是在隆庆元年（1567）立宗谱，第二件事便是在隆庆年间建造了宗祠，地址在下宅俞德墓的北侧，大约就在旧颜村靠南一点，当时颜氏可能已经无后或者外迁了。起造的宗祠规模很大，共有51间，至今村民自诩为处州八县里最大、最辉煌的祠堂。这时候，经过俞氏宗祠的建设，俞源村的重心从前宅转移到了下宅。

李氏始迁

俞源李氏的始迁祖是李彦兴。弘治戊子（按：弘治无戊子，有误）谢宏撰的《俞源李氏重修谱序》说："国朝洪武间，讳惟齐者登进士第，纠察广明，名誉著于朝野，实彦兴翁之叔父也。彦兴翁读书乐善，仗义丰财，雅爱俞源山水之胜，自城而迁居焉。"乾隆三十八年（1773）李嵩萃撰的《李氏家乘重修序》说李彦兴迁到俞源后，"同地俞卫一公即以女妻之"。卫一公便是俞涞的长子善卫。参照惟齐和善卫的生卒年，李彦兴迁俞源，当在洪武年间。李氏和俞氏此后互通婚嫁，世代和睦融洽。

李彦兴的叔父惟齐是洪武进士，任监察御史。彦兴虽然隐于俞源，当时已经是世家大族的俞氏长房善卫不但把女儿嫁给他，还陪嫁了前宅的一幢大屋，可见他也不会是寻常百姓，所以刚有了两个儿子，便被称为"括之望宗"。乾隆《李氏宗谱》有一篇写于正统九年（1444）的《赠处士李君公菱五秩序》说彦兴的次子公菱"倜傥特达，读书行义，事父母以孝，处乡里以和，接宾友以礼，待宗族以睦。因年德并高，曾掌申明之政，秉心公直。乡有不平而求判正，公折以片言，人心悦服。以是郡之大夫武侯、县令张侯，盛称其能，而乡莫不深怀其德"。"两代处士"有这样高的社会地位，大概在经济上也有相当的实力。可能是受到俞姓人的影响，李公菱五十初度时，括城人陈时用请人画了俞源八景作为贺礼，这篇序便是请刘基后人刘家百题在图上的。

李姓人来得晚，人口少，科名也不很发达，终明之世，不过有四个贡生而已，处在前宅南隅，乡里的建设远逊于俞姓。乾隆《李氏宗谱》里的《李氏祠堂碑记》载："彦兴翁始自括迁于俞源，于斯时也，阶尺寸之土以自起，厥维艰哉。……粤再传世，遂恢扩堂宇。弘治甲子岁（1504），正堂廊屋俱遭丙丁……即于是年冬肯堂肯构，乐成如故。……嘉靖改元，值剑江扶九刘先生精地理，至而谓吾职家者曰：'人为虽臧，而天数终莫可逃，欲尔家兴，必转尔家向乃可。'……遂卜吉徙焉。五六年间，土木之工殆无虚日，至今始获苟完。"这篇碑记写于万历癸酉（1573），虽然述事不清，但可知至迟弘治或万历年间李氏已有宗祠，就在今址。此外，乾隆《李氏宗谱》里还有一篇《环翠楼记》，这篇记长达803字，反复把"环"字和"翠"字咀嚼不休，竟没有一个字说到楼的形状、位置、创建人和创建年月。它写于隆武二年丙戌（1646），隆武是南明唐王的年号，二年已是清顺治三年。它毕竟可以证明明代末年，李氏已经有了文化性的建筑。环翠楼当仍在前宅。前宅又有"急公好义"宅一幢，两进，约为明代成化年间所造。前进正屋五间，两厢各两间，后进正屋三间，加左右各一间楼梯间，厢房亦为左右各两间。

但是，李氏与俞氏一起在明末清初遭到几次大难，以致宗谱中的《祠堂记》里说："前在明间亦尝建祠宇，安先灵，迨后不幸，既遭兵燹之患，复遇丙丁之灾，迄今世远年湮，一椽无有，寸土莫稽。"宗庙如此，约大多数的住宅等也很难保其古老了。其中应包括利涉桥以西的整片住宅区，那里早就片瓦无存。

兵连祸结

但是好景不长，据康熙庚申（1680）俞捷写的《俞源俞氏宗谱·重修谱序》所说，俞源"自宋、元、明迄清，叠遭兵火，惟今为甚，即顺治岁在乙未（1655），祝融司晨，旱寇为虐，民罹奇困。及丙申（1656），盗烽四起，老幼逃窜，房屋毁烬。或毙于锋镝，或陷于饥饿，约计不下百余。[1]惨刻情形，不胜殚述。逮三年甫平，人民渐聚焉，田莱复辟焉，土宇亦渐兴焉。幸皇上康熙登极，复睹升平。不意十三年，岁际甲寅（1674），闽间分藩姓耿讳精忠者一旦兴兵扰乱，遍地若狂，踞府坐县，民不堪命。……家囊为之殆尽，堂室萧条……"。又据道光辛丑（1841）的《重修俞氏宗谱序》，俞源所遭顺治丙申兵祸情形："盗毁庐舍，家室一空，祠东西厢俱成焦土。"

在这几场灾难中，不但明代初年的种种文化性、景观性和赏玩性建筑全部被毁，连宗庙、住宅也都没有多少孑遗。所以，俞源村现存的古建筑里，可以大致断为明代的，寥寥无几。"楚人一炬，可怜焦土"，不独是阿房宫的悲哀，庶民也难以避免。

乾隆年间的复兴

又过了将近一百年，经过休养生息，到了清代乾隆年间，俞源的俞氏和李氏宗族终于再度崛起，共同来到了新的繁荣时期。这时期，俞氏

---

① 这次匪乱，称为"闽寇"。

的代表人物是上宅的俞从岐和他的儿子俞林檀、俞林模（出祧），以及俞君选和俞君泰兄弟。李氏的代表人物是李嵩萃。明代末年，俞源的繁盛是几位科甲功名人物为代表的，而乾隆时再度繁盛的代表人物都是大商人。这个变化对俞源村的建设有很重要的意义。俞源村现存最重要的大型住宅，除了比较早的六峰堂（声远堂）之外，几乎都是在他们手里创建的。这几座大型住宅大体上决定了俞源村的现存基本格局，上宅就是在这时候成了全村大型住宅最集中的地区，它们是俞源村住宅建筑的最高成就。宗祠也在这时期重建，并且造了一些公用建筑。

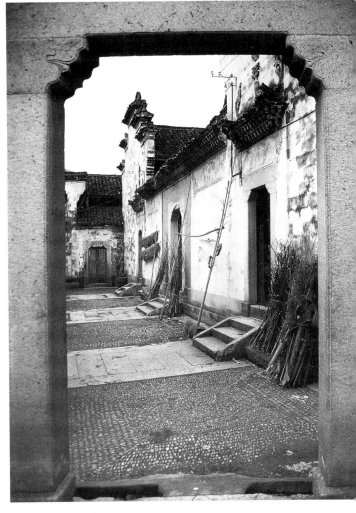

上裕后堂住宅前院

　　下宅的六峰堂（声远堂）是全村现存最早的住宅之一。它两进两院，后进的堂楼是俞天惠造的，他生于嘉靖三十四年（1555），卒年不详，这堂楼很可能造于明末，是烬余之物。大厅和它前面的部分是天惠的儿子继昌造的，他生于明万历四十三年（1615），卒于清康熙二十四年（1685），则这部分至迟造于康熙早期。

在上宅，俞从岐（康熙四十一年生，乾隆五年卒，1702—1740）造了上万春堂大宅，还造了现今十家头处的后朱书屋。次子俞林檀（雍正十年生，嘉庆十六年卒，1732—1811）于乾隆二十八年（1763）造了下万春堂大宅。出祧了的三子俞林模（乾隆三年生，嘉庆三年卒，1738—1798）造了裕后堂，这是俞源村最大的一座住宅，三进两院。

同时期还造了一批中型住宅，如俞雪云（康熙五十三年生，乾隆三十五年卒，1714—1770）造的一幢逸安堂，俞立人（乾隆十五年生，嘉庆十四年卒，1750—1809）造的又一幢裕后堂，俞君魁（乾隆十八年生，嘉庆三年卒，1753—1798）造的一幢和他弟弟圣猷的遗孀徐氏造的一幢廿字楼，都属声远堂。此后，不断有所兴建。雪云的儿子俞君泰（乾隆二十八年生，道光十四年卒，1763—1834）造了两幢，也都叫逸安堂。他的孙子开源（嘉庆五年生，同治八年卒，1800—1869）造了一幢德馨堂。俞新芝（又名思谟、水海，嘉庆六年生，光绪九年卒，1801—1883）于道光二十六年（1846）建的一座精深堂最有新意，有影壁、客馆、书房、花园和花厅。因为从临东溪的大路上进去，要过好几层大门，重重设防，所以村民把它叫"九道门堂楼"。它也属万春堂房份。这些中型住宅，除立人的又一幢裕后堂和新芝的精深堂在上宅外，都在下宅，多数建在乾隆至道光年间。

俞林檀是俞源的重要人物，建树很多，嘉庆年间他主持重建了俞氏宗祠。

前宅李姓则由李嵩萃（生于康熙五十五年，卒于乾隆五十八年，1716—1793）在乾隆年间建造了一片建筑群，其中有统名贻燕堂的三座中型住宅、一座培英书屋（又叫家训阁）、一座孝养轩（养老轩）、一排16间马房、一座从心亭园林，又大修了一座大型的旧宅，等等。它们形成一个社区，里门有额"陇西旧家"，对着利涉桥。从心亭在小祠堂山西麓，是一个园林，有上下两个池子，春水满时可以划艇相通。两池之间有一座桥，桥上建八角亭。因为建于嵩萃七十岁之后，取"从心所欲不逾矩"的意思，命名为从心亭。现今下水池还在，上水池有遗迹可寻。李嵩萃于乾隆丁卯至戊辰（1747—1748）主持重建了清代顺治年间被毁的李氏宗祠。在他之后前宅没有重要的兴建。李氏宗祠于清代同治十三年（1874）又遭火，光绪元年（1875）再重修。

俞源最后建造的一幢大宅是前宅东北角的四合院"万花厅"，三进两院，由俞源最大的地主俞作丰的儿子万荣于1906—1912年建造，是全县木雕最繁富多样的住宅，属逸安堂房份。1942年农历七月十九日被野蛮的日本侵略军烧毁。侵略者投降之后，后人在遗址上匆匆造了两幢中型住宅，其中一幢没有来得及完成便发生了社会大变动。

由于几次兵燹，留存到现在的俞源古建筑群，除了极少数几个房子可能造于明代之外，其余都是清代建造的。清咸丰八年（1858）由石达开、咸丰十一年（1861）由李世贤率太平军两次攻占宣平，造成宣平"十室九空"，但对俞源没有什么破坏。据同治乙丑（1865）《俞源俞氏宗谱》的《河涧保祠记》和《河涧保里社记》，当时，一方面村里有俞思襄出钱疏通，一方面有俞文璋组织团练乡勇，软硬兼施，太平军和响应太平军的土寇没有进村。

俞源的建设在乾隆年间能够大盛一时，并且建筑十分精美，据村民传说，是因为当时邻近的以建筑和木雕闻名的东阳县连年饥馑，工匠四处逃生，而俞源那时却风调雨顺，年景很好，因此招留了大批东阳匠师，长期工作。不论东阳灾荒是否事实，俞源当时的富裕是毫无疑问的。

历代所造的住宅其实并没有名称。村人所叫的名称原是建造和居住这所房子的人所属的房份的名号。一个房份的人口多了，老房子住不下，再造一幢，冠以"上""下"两字以资区别，如上万春堂、下万春堂。至于精深堂、高坐楼这些非房派名称的住宅称号，是近年为了管理方便而起的。这类住宅属中小规模，本不是给房派住的，而是富户自建自用的，独家居住，远比房份居住的大型住宅舒适。它们比大型住宅更晚出，是商品经济发展起来、家族力量不足以控制一切的标志。

弃儒从商

经营致富

俞姓和李姓的始迁祖定居俞源，当然不会像两家宗谱所说的那样，简单地为了"雅爱山水之胜"。他们都是当时文化知识水平比较高、交游广泛、跑过一些地方、经过历练的人，视野宽、思路活，当然有足够的眼光和心计考虑到后代子孙的发展。他们看上了俞源背靠崇山、前近平原、水陆交通条件还不错的自然优势。他们有足够的社会和文化优势轻而易举地胜过当地闭塞而没有文化知识的山区农民，在人口还很少的时候便成了"望宗世族"，领袖一方，于是充分利用俞源的自然条件迅速发展。道光辛丑年（1841）重修《俞源俞氏宗谱》刊吴从周撰《俞氏族谱后序》说，俞德定居俞源之后，"嗣是隐其德不仕者三叶，至第五世敬一处士涞者，因地利、藉世资，业擅素封①"。

但在明代，俞源的富户们还是以地租为主要的收入。他们陆陆续续购置了北面平原地区的大片土地，直抵武义县城边缘。早在洪武年间，俞善护造了交游宾客之用的迎玩堂后，就拨了200亩田，以出产作为固定的招待费，可见已经富有地产。到清代初年的俞林模，年收租达九千石谷子。大户在田地上建造"谷仓"，由仓头管理，除了收贮租谷外，还经营

---

① 《史记·货殖列传》："无秩碌之奉，爵邑之入，而乐与之比者，命曰素封。"

粮食买卖，用粮食放高利贷。这些"谷仓"其实就是田庄，分布在北面的白姆、王宅、山北张、四八店、陶宅等村，后来连南边的曳坑、上坦、老竹等村也有了，远的谷仓在三四十里之外，甚至到了金华边缘。

　　明代晚期，江南地区以农村市镇为主力的商品经济迅猛发展起来，这种形势影响到了武义。武义平原农产品丰富，外地人纷纷前来经商，明代正德元年（1506）便有"七行""八市"。随着商业兴盛，清代初年，武义到金华、兰溪的水路丽阳江沟通，船运不绝，下游可直达杭州、苏州。俞源在丽阳江上游，山地促进农林业多种经营，乾隆《宣平县志》"风俗"篇说："宣平山多地少，颇宜麻、靛，闽人十居其七，利尽归焉，近日土著亦效为之。"俞源的山货生产和贩运也发展起来，除粮食外，盛产茶叶、茶油、桐油、毛竹、木材。从明代末叶起，俞源人在山麓大量种植靛青，村边处处都有靛塘，加工染料。靛塘比较多的地方，一在今十家头往上的坡地，一在村南端利涉桥西山下的坡地。桥西山下靛塘最多，直到现在那里还被一些村民叫作靛塘头。俞源的富户有不少靠购销靛青发家，[①]乾隆年间的俞林檀、李嵩萃就是其中大户。山林的另一宗富源是盛产的竹木，乾隆《宣平县志》载，山区产"栋梁之奇材，东南之美箭"，当时几乎取之不尽。除了伐贩竹材、木材，还烧硬炭，质地优良，称"银炭"，甚至远销海外。俞源也是茶籽油、芋麻和茶叶的著名产地。锯短的竹木在俞川便可以用"赶羊"的方式顺流漂下。山货运到下游十几里外的乌溪桥上船或编筏，经营者再把它们运销到武义县城、金华府，远的经兰江入富春江，直到富阳、杭州。

　　从宗谱中的小传看，清代的俞源村人，凡善于经营的，很快便能发家致富。据光绪《李氏宗谱》：李嵩萃的父亲[②]，"初生而遭兵燹，其

---

① 据光绪三年（1877）上海《靛业公所碑记》载，乾嘉时兰溪、富阳也有了靛业会馆，可见浙江中部为靛青的重要产地。

② 民间传说，李嵩萃父母靠养鸭度日，家境贫穷，住的是破房，无隔日之粮，嵩萃三岁时，其父在屋前空地掘得窖藏白银一缸，成为"一日富"。此类故事，在南方各地很普遍，均不足采信。

父母弃之山麓，有群猴护之。……迹其生平，守己甚严则中规中矩，待人惟恕则无诈无虞，故至勤俭成家，建前人所未建，而居有连楹之室，裕后昆所欲裕，而耕有连陌之田"［乾隆三十九年（1774）祝呈瑞所撰《恭四公传》］。李光圣，"怙恃久逝，昆弟各爨……于是谨守前业，勤俭克家。充广田园，蝉联阡陌；恢造堂构，美咏翚飞。故数十年间，遂富甲于乡"［乾隆六十年（1795）王观朝撰《敬三十六公贡元序赞》］。李启志，"虽有二弟，俱自幼读，无暇理事，独身一人，料理家务。十余年，克勤克俭而广置田园，治内治外又大启尔宇。……其后兄弟各爨，家道日隆，财丁两旺，而田园又为之广置，巨室又为之大建。虽自天佑，实由人为"［光绪十一年（1885）陈简撰《恭表李姻翁传》］。

《俞源俞氏宗谱》比较含敛，不很张扬财富。有俞君选，"慈父见背，年方二十有一，弟仅八龄，未尝有室。其母守节，自誓居穷，自力于衣食。斯时曾无一瓦之覆，一亩之田。……所可幸者，是母与子克勤克俭，夙夜不辞……为农为商，旦夕曲尽其心志。后数十年，纵未能大振家声，亦且渐自成立。……广田园以垂后昆，出资财以修路道"［嘉庆十三年（1808）何浩如撰"俞君义八十二讳君选叙"，见同治乙丑（1865）《俞源俞氏宗谱》］。他弟弟叫君泰，"就傅不数年即辍学，随兄操作，稍长益同心营生计，渐致小康，乃买地构室。……中年析箸，家业益隆隆日起"［道光二十一年（1841）项秉谦撰"俞府君国仁公传"］。其实君选、君泰都家道昌盛，远远不是小康。民国《宣平县志》载君选"与弟君泰同建闸头凉亭，行旅甚便。岁饥，捐米同赈，建东岳庙，捐田以为岁修。筑通济桥，捐银五百两。邑令黄维同详请锡冠带"。君泰"于宣、武接壤处，地名杨田，独造万安石桥，计费一千二百余金。每遇歉岁，周济贫乏。道光壬辰（1832）大饥，腊雪浃旬，捐米以赈村境贫户者二次，全活甚多。又与乡之殷产合捐同赈者数次，虽流民亦各受惠。其有贫人死不能殓，及癸巳（1833）、甲午（1834）疫死之无棺椁者，悉施棺木，计数万余口。建东岳庙，捐银二百余两，后捐田以为岁修。造通济桥，倡捐银五百两，经营规划，一

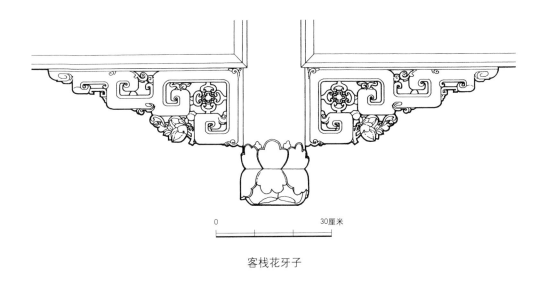

客栈花牙子

心独运，为匠人所莫及"。这些善举都只有很富裕的人才能做到。

这几个人由穷到富，不过数十年而已。

君泰造过两幢宅子，君选的儿子志伟，君泰的儿子志俊、志侯，都是俞源的大户。志俊、志侯是逸安堂的太公。志俊的孙子作丰是俞源最大的地主，作丰的儿子万荣造了俞源最精美的大宅万花厅，位于前宅北沿，东溪南岸。

保守与局限

但相比之下，俞源的富户是很保守的。晋商、徽商等小小年纪，便背井离乡，足迹遍中国，到处设店开市，而且敢于广拓经营领域。但俞源富户只跑到富阳就不再远去了，他们只做贩运，并不在富阳开店。这或许和地域文化传统有关。1926年《宣平县志·风俗》说："宣邑朴俭，颇有古风，然民除种稻外，止知织履卖浆而已，至一切百工之业俱为异郡寄民所专，尤见钝拙。靛苧诸利，利归土著者甚少。然士志青云，民安朴素，深喜其土薄而俗不薄也。"至于和俞源关系更密切的武义，风俗也差不多，1986年12月的《武义文史资料》第一辑中说："武义人口少而土地多，一年之中有半载劳动足可温饱。空闲时坐茶馆，捏胡牌（一种纸牌），很少有人外出谋生。俗云：'武义人靠块土，三天不见壶山（按：城西的一座高山）就要哭。'外籍商人纷纷迁入，驻地经营，开通了闭关自守的封建经济。"（季贻勋：《我所知道的武义商业界》）俞源俞氏和李氏，比同邑别人稍胜一些，便在邑中称强，也因此，俞源在宣平、武义是少见的富村，但比起异郡的商人来，不免差得多了。

晋商、徽商和兰溪商人，不但会做生意，还敢于公开向"士农工商，士为四民之首，商为末"的传统观念挑战。如兰溪诸葛村民国《高隆诸葛氏宗谱》"序"里就说诸葛村"四民具备，各举其职，而国力以强"，反对把商视为末业。它为商人立传，乐道他们的善于经营，发财致富，夸耀为"商战之雄"，甚至说"与其读万卷之书，孰若积千金之产"，把千余年的价值观颠倒过来了。徽商、晋商和兰溪商人，并不重视科甲功名，少年读些书，能识字，会计算，就外出做学徒去了。俞源的俞氏、李氏，虽然实际中也是这样重商轻儒，整个清代，分别只有12名和6名贡生，倒有八成人从商，而且连贡生也都弃儒逐利，但受到本宗族一向重视读书、鄙薄利禄的宗法社会文化传统的束缚，没有勇气公开向陈旧的四民观念挑战。宗谱里关于早期族中重要人物的传文，篇篇都写他们"少年业儒"，如何如何又努力，又聪颖，晋身廊庙翰苑本来是很轻易的事，却"淡泊功名""秉性恬退""不乐仕进"，便"主持家计"。或者说"家务冗集，责任莫逭"，"身肩家政，无暇举业"。"家计""家务"和"家政"是"经商"的含蓄而又抹去了主动积极性的说法，而且是不得已而为之的事。稍早一点的，如关于乾隆时代大商人李嵩萃和俞林檀的文字中，竟连一个"家政"之类的字都没有。乾隆六十年（1795）写的《李光地行序》中说他勤于理家，"谢诗书而致殷富，乐畎亩以实丰盈，当（？）父欲捐以国学，而翁固辞不受，曰：'成名以荣一身，不如积厚以贻子孙。'"（光绪《李氏宗谱》）这段文字已经是少有的坦率，最后两句很明确地坦述商人的价值观，但对他的行业仍然含糊其词，回避作为"末业"的经商。到了道光年间的文字中，才出现

"经商在外"，"中年服贾"，"不为季子之遨游，而用计然之良策"这样的话，也都轻轻一笔带过。再迟，到了光绪三十一年（1905），姓俞的表侄俞钦给姓李的表叔李树荣写的序里，才有了另一种态度。他写到树荣的父亲，"太姑丈操计然白圭之术，贷鬻靛蓝，一时著称"，而树荣"游庠后即肩家政，谢制举而仍旧业，操纵奇赢，指挥如意，绰有家风。鱼盐版筑间岂无豪杰之士哉"，文字里洋洋得意显示出了商业意识的自觉性。可惜为时已晚。

普通百姓则从来很以先人"太公"们的经商能力和富有为荣，总爱标榜俞源村为第一财主。他们甚至传下一个人人相信的故事，说李嵩萃贩靛青到富阳，曾在旅店里出银子周济过受困的微服南游的乾隆皇帝，因此二人结拜兄弟，以后李嵩萃受到乾隆的许多封赠。故事很荒诞，但反映出对财富力量毫不掩饰的崇拜。

光绪年间，洋蓝大量进入中国市场，靛青的种植一落千丈，俞源的经济很快衰退了。俞源人的商业活动终于没有达到晋商、徽商或兰溪商人的水平。衰落的另一个原因是富户人家的子弟坐享遗业，普遍吸鸦片、嗜赌、嫖娼。他们行为不端，甚至至今还在村民间流传着不少奚落"财癫"的故事。例如俞思谟（水海）恃富而骄，特意进城砸瓷器店取乐。他造了"九道门"大宅，又亲自把它败掉了。①

村民们用顺口溜刻画这些破落子弟的生活：

上横头天官赐福，天井边凤尾天竹；
后花园托盘晒谷，厨房里砂锅熬粥。

"上横头"即中堂（轩间）太师壁前。"天官赐福"多是中堂画的题材。天井里还种着天竹维持清雅的风貌。"托盘晒谷"形容谷少，"砂锅熬粥"是说已经没有干饭吃。

---

① 又如，俞志俊自奉俭约，他外号金狗，舍不得吃肉，另一没落子弟俞宗丰生活奢侈，以火腿肉喂狗，所以有乡言："金狗不如宗丰疥狗。"

当时的商业经营是家族式的，子弟败落，商业也就败落了。

财富的消费

经商发的财，完全依照宗法制度下农村的传统习惯支出。第一是广置田亩，第二是营构华屋，第三是建设乡里，第四是乐善好施。这四件事是俞氏和李氏两姓宗谱中所有传文必有的共同内容。用于生产性投资的几乎没有。和徽商、晋商、江右商帮一样，他们的乡土建设很引人赞美，经济却终于要走下坡路。这是宗法制度对工商业发展的致命限制之一。

但建设乡里和乐善好施毕竟是公益性的义举。俞源人俞翀，明初永乐年间先后任丽水训导和江西邵武府教授，桃李芬芳，以所著《义利辨》著称一时。他力倡"疾病者药之，死亡者恤之"，以及修桥、铺路、供茶、施粥。1926年《宣平县志》中，"义行"门三十人，俞源就有十人。这固然可能和俞源有四人参与修志有关，但确实也是俞源的风气。

乐善好施者于宗谱中累累可见。如俞林檀"但使乡邻无冻馁，何妨自奉常苜蓿"［袁宗焕：《檀翁先生影堂赋诗以志其梗概》，嘉庆十六年（1811）］；又如李嵩萃，"见寒者不惜衣，遇饥者不惜廪"［徐步瀛：《敬十六公行表》，乾隆三十年（1765）］。林檀入了1926年《宣平县志》"义行"门，嵩萃则有邑侯雷公赠以"急公好义"、陈公赠以"紫阁知名"、伍公赠以"任恤风高"三匾。至今前宅中型住宅的墙门之上还留着他写的"急公好义"四个大字。更有意义的是俞氏成立了"六合会社仓"。1926年《宣平县志》说，"嘉庆间俞君选偕弟君泰创议"，与另四位族人各捐谷若干石，"借放贫农，不取息，每家不论男妇大小丁口，按丁给谷二十斤，每年小暑日出借，白露日收。有不能偿者不责，惟下届不准再借，偿后仍照旧行。如谷数被欠及耗折若干，必加捐以足其数"。这社仓设在俞氏宗祠门右。道光二十一年（1841），俞志俊偕弟志侯捐田援救女婴，写了一篇《捐田加祭并育婴序》刊在道光辛丑（1841）《俞源俞氏宗谱》里。序文说："且溺女一节，最为可伤，大半由家贫不能养育耳。今亦拨田三千三百七十把，岁可入租一百石，以为养育女婴之费。其养育由本族本里及本族之居外乡者（按：原谱中疑有脱漏），贫乏之家，每产一女，送与三千文，作三次给发。三千之外，不复再给，其女婴或自养，或字人，听其自便。"

此外如舍棺、施药、赈饥等都有人勇于承担，甚至终生坚持不懈。

建设乡里，主要是修桥、铺路、造凉亭。修造了之后，还要给每项工程捐若干田地，以收入作为常年维持费用，并在凉亭中免费供水、供暑药、供草鞋。此外，还有修祖庙、葺学堂、建寺观等。乡里建设远到数十里之外，周围许多村落都受惠不浅。如俞林模，"少读书，不乐仕进，好施成美。……樊岭为宣邑出省要道，径仄崎岖，模以石板结砌，如履平地。……乌溪桥为宣人贾靛苎杂货出水登筏总埠，于其地造凉亭一座，以便行旅憩息"。这些善行也是俞源富产的睦邻措施，他们需要一个友好的环境。俞源本村的建设，被宗谱称为"美轮美奂"，除了街巷、桥梁、寺观、井、塘等之外，东溪、西溪两岸都用大石块砌筑得整整齐齐，可以防御山洪冲击。1926年《宣平县志》里还记载了俞源村在全宣平县独有的几项公益建设。其一，"俞源路灯有二，一在俞源南虹桥头（按：即利涉桥），一在俞源北祠堂后。由村人组织灯会，每夜燃灯以照行人。如有急客不止宿者，任其取之，次日另换"。虹桥头和祠堂后正是宣平至武义的大路之进村口和出村口，这灯是为过路人准备的。夏季暑热，脚夫都喜欢夜间赶路，这两盏灯给了他们许多温情，叫他们感受到俞源人的善意。既然不止宿的急客可以"取之"，则这灯大约就是可以手执的纸灯笼。其二，"俞源夜灯有二，一在俞源树桥头，宣统元年（1909）创设，一在俞源上宅，民国十三年（1924）创设。均由村人组织灯会，竖两长杆，上横以木，用琉璃钵燃以菜油，高悬街道，远照行人，长夜不熄"。从树桥头到上宅，是沿东溪东北岸横贯全村最主要住宅区的道路，这两盏灯是给本村人用的。其三是"俞源街道。民国十二年（1923）由村人组织清道会，每周派清道夫扫除街道一次，并于僻静空旷处设置垃圾炉，用砖砌成方式，便民堆积垃圾"。其

声远堂前巷道（李玉祥 摄）

四是"太子水龙会。在县北俞源俞姓祠内。民国初年由村人捐资组织救火团，遇有火灾，闻锣鸣即往救助，无事各安生业。所有救火器具悉备焉"。

可惜近几十年来这四项很有近代气味的公共设施都没有了，街巷污秽不堪，圈肥堆积，水沟堵塞，东溪、西溪成了垃圾沟，过去水清见底、鱼蟹繁殖的光景再也见不到了。

明代后半叶以降，全国许多地方以乡民为主力军，发展了商业。这些商人是新的社会力量，他们渐渐接替高低有过功名的旧士绅，成为乡土建设的主力。科举制度培养了士绅阶层，商业发展培养了富户阶层，中国农村乡土建设的辉煌成就，正是由这两类人做出了主要的贡献。

宗祠

敬宗收族

　　俞源不是单姓的血缘村落，但是俞姓占居民的八成以上，而且李姓和董姓在前宅南部仍是聚族而居，所以俞源具有血缘村落的基本特点，只不过是关于全村的活动由俞、李、董三姓协商，合作举办罢了。

　　三姓都有自己的宗族组织。宗族组织管理着各姓的公共事务，祭祀和修谱是第一等大事，此外还有维持伦理教化、济贫、育婴、助学、组织娱乐、举办公益性建设等。宗族拥有大量的公田：坟田的收入供维修祖先坟墓和四季祭扫，尝田的收入供春秋祭祀，儒田供子弟读书和应试各种费用，义田则用于慈善和公益。这些公田，大宗祠有，各房份也有。公田由族人轮种，收租很低，实际就是一种济贫措施。老弱孤寡可托族人代种。公田绝不许出卖，类似宗族的公共保险基金，这是维持宗族凝聚力的重要因素。[①]清代乾隆四十七年（1782），李氏在前宅造了一座孝养轩（养老轩），是七正四厢的三合院，至今完好。俞氏宗祠内，嘉庆年间设过六合社仓，民国初年开办太平水龙会，民国八年（1919）的全宣平第一所现代小学集贤区第一小学也设在俞氏宗祠内。1926年

---

① 据1990年新编《武义县志》，1950年土地改革时，旧武义县耕地有35.77%为宗族祠堂
　　公产。

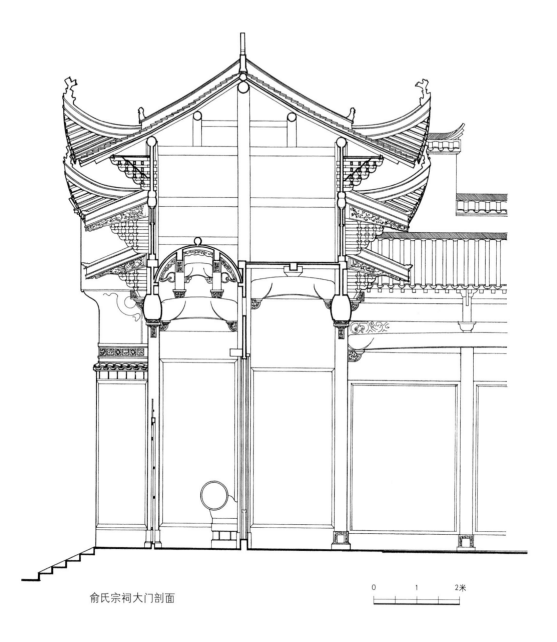

俞氏宗祠大门剖面

0　　　1　　　2米

《宣平县志》还有一条记载："俞祠育婴。在俞源，由俞姓祠内提拨常产择贤管理。凡遇邻近贫妇，不拘何姓，产生婴孩，不能养育者，给予抚育费洋六元，聊作补助。"这善行及于外姓，是为祖宗积德之举。这大约是道光二十一年（1841）俞志俊、志侯捐田援救女婴善举的延续。

万春堂侧面

宗祠也注意保护环境。丛檊和龙宫山口不但种了树，严禁砍伐和明火，而且规定每年清明节合族男丁都要送去稻草一捆，充作树的肥料。族中规定，东溪、西溪，每天早晨八点之前不许洗涤，只供村人挑饮食用水。秽桶等等不得在溪中刷洗。

宗族也管伦理教化。1925年《李氏宗谱》的"谱例条款"规定："事迹有关于六德六行者皆录之。或有才艺亦为之书，不没其善。其空纸未有可书者尚俟有可书之行，即古立介簿之法、许劭月旦评之意。子孙其勉之。"同治四年（1865）《俞源俞氏宗谱》"义例录"规定："死于非命不书，若复师父之仇及死王事则书。盗窃不书，赌博不书，不孝不悌不书，外内犯兽行不书，官吏而犯赃罪不书。""不书"就是不入谱牒，是否进入谱牒是一个人一生的鉴定，而且要传之永久，人人都不能不肃然重视。20世纪30年代，有个俞启云，不孝父母，族长就"开祠堂门"，命他跪在祖宗神主前，听族长训诫，合族成人都鹄立旁听。遇到特殊情况，宗族则要组织武装力量，如元代末年俞涞举民兵、清代中叶

俞氏宗祠戏台（李玉祥 摄）

太平军来攻时办团练。光绪二十四年（1898），俞源民团就设在俞氏宗祠内，有团丁五十名。

孝思庵

俞姓迁来之后，第一座专为祭奠先人的建筑孝思庵，是善卫等四兄弟造的，俗名小祠堂。苏伯衡在洪武乙卯（1375）写的《孝思庵志》里说："孝思庵者，俞川隐君子二泉公祠也。其规为创建，皆原善（善卫）与其弟原瑞（善麟）、原礼（善诜）、原吉（善护）为之。原善以至正丁酉（1357）十有二月葬其父二泉处士于北山之麓。仲父巨渊，丧在浅士，亦迁而附焉。后十有七年，乃创庵以为岁时祭享之所，曰孝思庵。馈奠之物，买田百亩肆祠中而取具于其岁入。……斯祠去墓以南一里许，水绕于震，山负于兑，墓与坎离相望，若天造而地设然。屋以间计，总十有六。堂居其五，门如堂之若，两庑居其六，而限之以缭。始垣工于甲寅（1374），岁在丙子（？），迄乙卯（1375）春三月庚辰望后三日而讫。"［见同治乙丑（1865）《俞源俞氏宗谱》］这座孝思庵是个四合院，正屋五开间，厢房三开间，规模算是不小了。

俞氏宗祠

孝思庵建成两百年之后，明代晚期朝廷提倡宗族制度，允许庶民造宗祠，俞氏宗祠才正式建造。道光二十一年（1841）俞宗焕写的《重修俞氏宗谱序》说："至隆庆元年（1567），始立谱系，想当时宜黄尹苏溪公（俞世美）、观政六峰公（俞大有）、代府审理雪峰公（俞昭），人文蔚起，极一时之盛，谱牒所由兴，宗祠所由创欤。观门额，在隆庆六年（1572），而吴郡严相国壬林堂之赠亦在嘉靖间，此尤可证者也。"[1]壬林堂即宗祠的享堂，严讷应俞世美之请而题赠匾额，可见建祠的初意由世美在嘉靖年间提出。

俞祠建成不久，就在清初顺治年间遭到兵燹之灾。"堂寝虽幸无恙，而两廊夹室均被毁坏。国朝嘉庆十六年间（1811），公正募金修葺，门庭台庑渐就整齐，而自堂入寝庙之两旁仍作丘墟，荒烟蔓草，麏麚丛集……道光戊戌（道光十八年，1838）秋，裔孙思忠情殷创造，适于乡里会饮间商酌兴事，祠内与燕耆老均慨然奋兴。又虑公帑不敷，倡捐己资洋银五拾圆之外，因与共事之人复募捐于诸孙之殷富者，而诸孙悉皆踊跃施舍，敛就千余金。"（道光二十一年俞名彰、俞倬云撰《重造寝室两庑记》）文中提到的嘉庆十六年的那次修缮，主事的是俞林檀，修复前进院两侧的庑厅，并增建戏台一座。"庚午岁（嘉庆十五年，1810），共集宗族，相与经营。门以内正造一台，台之旁宜建两厢。台

---

[1] 道光二十一年俞名彰、俞倬云合撰的《重造寝室两庑记》说："我祠创始有宋，迄明季兵燹之遭……"俞宗焕文中说及早期宗谱毁散事，但未及早期有宗祠之建。道光辛丑（1841）《俞源俞氏宗谱》"先人创建"中也说宗祠创建于隆庆，则宋代创祠之说有误。或者创建于宋代的是一间早期形态的"寝"。

俞氏宗祠梁架（李玉祥 摄）

则刻其桷而丹其楹，使梨园子弟如在金屋；厢则革夫鸟而飞夫翚，使观剧宾朋如入兰房。……公项不足，将伯是呼。"俞林檀本人出资银一百两。（俞林檀等《修造宇台两庑艺文》）

道光年间重建了第二进的庑厅。主持者俞思忠记：众裔孙乐助洋银1213元5角，钱2700，大棵树7根。"于是聚材鸠工，始自戊戌（1838）之岁，连及己亥（1839）、庚子（1840），三易春秋，不惟廊庑完成，抑且寝堂大梁并易枯用坚，以臻稳固。"［《重修建造两厢志》，以上三篇文章均见道光辛丑（1841）《俞源俞氏宗谱》］[①]

俞氏大宗祠的初建，主事的是读书进仕的人，两次重建，主事的是经商致富的人。这情节反映出俞源村经济基础和社会力量的变化，反映

[①] 上万春堂门屋东次间钉着五六块旧匾，为板壁，其中一块刻几十名捐款人姓名及款额，但看不出为什么工程捐款。

出商人在宗族中作用的增大和地位的提高。

道光年间最后完成的俞氏宗祠，便是一直大体留存至今的俞氏宗祠，同治乙丑（1865）《俞源俞氏宗谱》里有宗祠图一幅，寝堂匾额为"礼义贤声"，享堂匾额"壬林堂"，都是五开间。寝堂东侧小院里三间屋为改衣所①，西侧同样为祭器所。大门屋五间，中央三间通间为门厅，左右两间用板壁隔开。后进院左右各三间廊厅，前进院左右也是各三间庑厅。享堂左右和门屋左右又各有厅三间。总共51间。前院有戏台。寝堂后面有片园地，西侧建厨房一座。大门外立照墙一道。不过现在的大门是五间而不是图上的三间。20世纪50年代，被征用为粮站，因此幸得保全，但也受到一些改动。门前照墙拆除，六对科名旗杆扳倒，大门门廊前堵上了砖墙，一对抱鼓石还在。神厨全部被毁，寝堂明间后墙被打通，以便汽车从后门可以一直开进院子。祭器所近于坍塌。其他墙体、明堂地面等都有变更。幸而寝堂、享堂的木结构完好无损，据前引诸文，寝堂不曾毁坏重建，可能仍然是明代末年的原物，斗栱现在被掩藏在新的吊顶里，暂时不能得见。②宗谱里的宗祠图上，享堂五开间，左右为五山的封火墙。

俞氏宗祠朝南偏东，面对的东溪西段呈反弓形，这或许是在它门前溪边筑一道二十多米长的照墙的原因。宣平去武义的大路，绕过它西侧又随俞川自西向东掠过它的右后方，祠后正对空空的谷口，谷内水向北流，七百米外才是封闭祠堂轴线的凤凰山。这些似乎都犯了风水忌讳。

有些俞源人大约也不知奥妙，对宗祠的位置有些怀疑，于是流传着一个故事。最初要造宗祠的时候，选址在现在的位置之北，位于俞川的北岸，有四亩地。但太祖母不同意，说看戏要过溪，不方便。因此往近处移了许多，到了俞川的南边。当时这里是个小高地，为造宗祠，要挖平，挖一次又长高一次，反复了三次。经阴阳先生建议，杀

---

① 改衣所便是现在村民传说的颜祠。但宗谱中无论文字或图像，都没有提到颜祠。

② 2003年左右已修复如旧。

了一只白狗、两只白鸡，把血淋在高地上，再挖就不再长了，终于造成了祠堂。又说，祠堂后面偏东不远原来有个小山冈，风水叫"金丝钓双鳖"。所钓的鳖，一个是宗祠，为雄鳖；一个是祠门前始迁祖俞德等的老祖坟，为雌鳖。这些说法的意义在于圣化宗祠，说服族人对宗祠的风水抱有信心，也便是对宗族的前途命运抱有信心，以增强凝聚力。风水术本来就是宗法制的意识形态，它要为巩固宗法共同体服务。祠堂后面的小山倒是确实有过，1958年，为了造公路，把这座小山包挖了一半，后来造卫生院时又挖了另一半，现在已经没有了。另一个风水术的说法是，东溪水清，西溪水浑，宗祠正在两水交汇点上，"清水冲浑水，浑水混清水，代代出财主"。这显然也是一种安抚人心的诡话。

作为礼制建筑，俞氏宗祠主体的形制很程式化，门屋、享堂、寝堂依次排列。但开间数为五，则是"逾制"的。它的特异之处是主体的两侧很发达。门屋、享堂、寝堂左右各有一座三开间跨院，而连接它们的不是廊庑，却是三间的大厅。因此宗祠的规模很大，可以容纳许多种功能，六合社仓、施粥厂、水龙会、敬老院、孤儿院、义塾、团练和后来的小学都曾设在跨院内，甚至在清末和民国年间还在门屋东侧跨院内开过歇栈。民国《宣平县志》称俞氏宗祠为"处州十县第一祠"。[①]

嘉庆十六年（1811）添建的戏台6米见方，攒尖顶，凸出于门屋内侧，面对享堂。它完全独立，和门屋的结构不连续，另以短廊连接二者。不像通常的做法那样无论放在门厅内外，结构都与门厅搭接，并且堵塞门厅的交通。太师壁上绘"唐明皇游月宫图"，唐明皇是梨园之祖，游月宫又是极富戏剧性的情节。这本来是乡间戏台太师壁上惯画的题材，但它对俞源一带的戏台又有特殊的意义，据说引导唐明皇游月宫的方士叶法善是宣平县全塘口村人。他的道观叫宣阳观，至今还在，改名为冲真观。戏台的装饰集中在内圈四棵柱子的牛腿上，雕刻很复杂，上部是卷草，下

---

① 1992年，武义县人民政府确定俞氏宗祠为文物保护点。

部是狮子滚绣球，都剔雕透空。太师壁上方悬竖匾一方，书"碧云天"三字。民国《宣平县志》把这座戏台叫作"婺州八县第一台"。

每年农历六月二十六，是洞主庙的洞主老爷生辰，要在俞氏宗祠演三天四夜的社戏。那几天要办洞主庙庙会，进香的、祈梦的、做买卖的，人山人海。为了维持秩序，规定男子在戏台前院子里和享堂廊下看戏，妇女则在两侧的庑厅里，厅的前檐柱之间设栏杆以分隔男女，坐凳自备。

俞氏大宗祠的祭祀由上宅、下宅、前宅三家轮值。轮到值年的一家，当年可收尝田租四百石，用于一切开支。主要的祭祀为清明和冬至两次，以冬祭为最隆重，要行烦琐的"三献礼"。祭毕吃馂余，全宗族16岁以上的成年男丁都参加。宗祠里容不下，就摆到香火堂前的龙头基上去。每桌中央一碗肉，边上两碗豆腐、两碗鲜笋（春祭）或毛芋（冬祭）。吃了馂余，50岁以上的男丁可以分到胙肉，按50岁、60岁、70岁分等，年长者多得，80岁以上则能背得动多少便拿多少，但以能背出祠堂大门的高门槛为准。①如果尝田收入还有剩余，便在二月十五和八月十五再办一次小祭，仍旧要聚全族男丁吃一餐。

李氏宗祠

李氏宗祠在前宅西北部，树桥之南，规模比俞氏宗祠小得多，只有一进院子，大堂五开间，左右廊庑四间半，两层。有一座方形的小戏台，在门厅内侧，也是向院落凸出而独立的，现在已拆除。

1925年《李氏宗谱》里有一篇《李氏祠堂碑记》，写于万历癸酉年（1573），叙事混乱不清。假如它所提到的弘治甲子岁（1504）烧毁而又重建的房子是真正的宗祠，那么它的初建早于俞氏宗祠。这看来不大可能。乾隆三十九年（1774）李嵩萃写的《祠堂记》说："前在明间

---

① 村民传说，80岁以上老翁，为多拿胙肉，叫孙子们候在门槛外，自己尽力背大块的，走到大门口，向门槛上趴下一滚，孙子们便把胙肉接过去了。

（即明代）亦尝建祠宇，妥先灵。迨后不幸，既遭兵燹之患，复遇丙丁之灾，迄今世远年湮，一椽无存，寸土莫稽。"经蒿萃倡议修复，有捐地皮的，有出力办事的。"但派丁资不满百金，尚不足于用，犹藉丁十九公出余帑五十余金，以成厥事。斯举也，肇自乾隆丁卯（1747）之夏，竣于戊辰（1748）之秋，即于是冬进主于是庙。"据这篇记，"明间"的祠堂早已"无存、莫稽"了。乾隆年间实际是新造了一座祠堂，工程只用了一年，所费也不多，可见规模不大。

过了一百多年，"无如灾来不测，至同治甲戌（1874），而离光弥天，只剩得左披屋已耳。……嗣是于光绪乙亥（1875），族长君连并众孙议建正寝壹座，基升三级……即冬告成，约计银钱八百圆有零。及光绪丙申年（1896）缔造门厅……计银钱三百圆有零，兼竖戏台壹座，祠常（按：尝田亦称常田，祠常即尝田所入）付洋银六十九圆。其台柱帮工欠款居住本处者捐助，后平派之。至于两廊夹厢，在光绪辛丑年（1901）……约数洋三百圆有零。首正寝、次门厅、三夹厢，凡三成"［光绪三十一年（1905）《重造祠堂记》］。现存的李氏宗祠是光绪年间分三次造成的。现在戏台已经没有，两廊夹厢已经改造，当作幼儿园和老年人活动站。正寝用来放录像，神厨当然早就全都毁掉了。神厨是妥立先人神主用的，1925年《李氏宗谱》的"谱例条款"末条说："本祠东寝归丁四房、西寝归丁十九房，正寝作常（按：即收费），自恭字起，如愿进主于正寝者，每一牌位出银四钱归祠。春冬两祭将正寝位牌开明，祝文恭设，以彰诚敬。"

演戏

俞氏宗祠和李氏宗祠都有戏台。每年俞氏宗祠演大戏，戏班多由金华、武义请来，演的是徽戏。平时偶然有几次昆腔演出。宋代起源于温州的南昆，曾经流传到金华一带，俞源西南方不远的陶村便有过很著名的儒琴堂昆腔班，应邀到各地表演，多以坐唱为主。光绪二年

（1876），俞源村也创办过昆曲坐唱班[①]，由农民业余组成，每年中秋以后开锣，次年插秧之前停锣。演出时，作为戏台背景的太师壁前放一张八仙桌，桌上放茶水糕点，款待演员。桌右为"武堂"，顺序坐鼓板、小锣（带三弦）、大锣三人，桌左为"文堂"，坐正吹（笛、唢呐）、副吹（笙带大钹）、三副吹［提琴（原文如此）带小钹］。主唱的人分两边对坐。剧目有《铁冠图》《长生殿》《荆钗记》《牡丹亭》《西厢记》《浣纱记》等南昆代表作，不过唱词免不了被演员误读或者窜改。听众自带凳子，坐在戏台的前面和两侧。20世纪50年代，因为判定这些剧目都属"封建糟粕"而停演，南昆也就渐渐失传了。[②]

1924年，俞源村人把金华城内最大的昆剧团胡庆聚剧团承包下来，到金华各地演出。同时或稍后，还组织了徽曲锣鼓班同乐会。1948年村人成立了春蕾越剧社。俞源村交通方便，外出经商的人多，所以文化的开放性比较强，由戏剧中也可见一斑。

香火堂

董姓没有祠堂，在前宅买了俞姓一幢住宅堂楼上的三开间通间大厅作为香火堂。现在已经废了很久了。这幢房子是少数明代初年的老屋之一，大约是俞善仁所建，村人称为"冷屋"。

俞姓的几个大房派祭祀本派先祖也用香火堂。上宅派的香火堂是个独立的小小院落，前后各三间房，据说本来是全村唯一的进士俞大有祖宅的一部分[③]，建于明代，大有中了进士之后，光宗耀祖，便把它改成了上宅派的香火堂。它在白坟冈前面，称为龙脉头，堂前有一对水塘，是龙眼。村民说，过去每逢端午节半夜里龙眼会放毫光，主出

---

① 光绪三十二年（1906）改为永乐会昆剧锣鼓班，后又称"继承会"。

② 关于演出，据吴钟文《南昆一脉——陶村昆腔班》，载《武义文史资料》第一辑，1986年12月。

③ 又说是原宅在清代大火烧毁后在原址一角重建的。

文才，果然俞大有中了进士。这座全村最重要的香火堂兼作真武庙，它上房正中供的神像，一足踏龟，一足踏蛇，应是真武大帝。龟是水魔，蛇是火魔，真武能降水、火二魔，所以各地普遍奉祀。只有祭祖的时候才把大有的太公、太婆像挂在左侧墙上。下宅的香火堂设在六峰堂（声远堂）后堂楼的楼上，也是一个三开间的通间大厅。前宅的香火堂又叫祖厅，传说是明代初年俞善护旧宅的一部分。现状是一个小院，正屋三间，两层，楼上是三间通连的大厅。上下层高度都很低，柱子和梁架的木料比较粗壮，牛腿用修长的壶嘴形，很朴素而优美，或许是明代的建筑。下明堂的祐启堂楼上三通间的轩间用作下明堂派的香火堂。

前宅的俞氏祖厅又叫公厅，是前宅俞姓办白事的场所，可以厝枢。上宅和下宅的俞姓，办丧事在下万春堂、裕后堂和六峰堂三座大宅的大厅里，不用香火堂。不住在大宅里的人，可以按房派亲疏借用大宅的大厅。

上宅、下宅和前宅的香火堂前原来都有一方空场，叫"龙头基"，是节庆时玩龙灯和擎台阁的地方。

有些住宅里也有本家的香火堂，在楼上的当心间，靠后墙设香案神位，供高、曾、祖、祢四代先人。香案一侧有砖砌的焚帛炉，朔望日礼拜时烧纸用，聊以防火。这类香火堂现在有独家的，也有一房几家合着供养的，似乎比较随意，过去是否也这样随意，已经没有人知道了。冬至到年节，在楼下正堂祭祖，挂四代祖像。

住宅的楼上明间前檐窗口也有香案，祭天地，也是朔望奉香。奉香时香案上供米饭一碗。

寺庙

实用主义的祈求

在中国民间信仰中，有着数不清的神佛仙灵，有数不清的善男信女。人生总有天灾人祸、生老病死的苦难，有福禄寿禧、金榜花烛的向往。有苦难、有向往就要有神灵，就造了神灵，有的全能，有的专职。不论全能的还是专职的，甚至有些来历不明、职司不清，座前一律都是香火不灭，跪拜不断。有的要他有求必应，有的不过是托心冥杳。有的庄严肃穆，有的和神话、传说、风水术汇合，荒诞不经。庙会香市是农村沉闷的生活里欢乐的点缀，人们借机探亲访友，它同时也是一个商贸集市，向农民供应日用品和农具之类。寺观庙宇，固然是神灵居所、礼仪之地，稍大一点的，可借作旅舍、学堂、书斋，而且用现代话说，也兼有老年活动站的功能。

俞源村四围有不少寺观庙宇。远一点的有东面去九龙山半途的慈姑庵、东南龙宫山后沟内的泮家寺、九龙山上的九龙寺，西面有雪峰庵，北面则有凤凰山外的石威寺。近一点的，有南面"美女献花形"下的经堂庵和木四相公庙，有北面水口的广惠观、夫人庙和东南龙宫山口的洞主庙。其中规模最大、和俞源村关系最密切的是广惠观和洞主庙。

广惠观

广惠观在凤凰山东麓，位于去武义的大路西侧，是俞源村重要的公共活动场所。每年擎台阁、闹龙灯，这里都是必到的一站。1926年《宣平县志》载："广惠观，在县东北五十里俞源，宣武界。嘉庆戊寅年（1818）里人倡捐重建。"以下引拔贡俞宗焕《广惠观重修记》："宣邑山水惟俞源为最胜。自九龙发脉，如屏，如障，如堂，如防，六峰耸其南，双涧绕其北，回环秀丽，绘如也，而水口则凤凰山在焉。山下有道院，为先民遗迹，第殿庭湫隘，兼之年业湮远，墙颓宇倾，几于风雨不蔽。……嘉庆戊寅，诸首事募捐重建，鸠工庀材，经营辛勤，阅五年而告竣。画栋雕梁，丹楹刻桷，神像庄严，特开生面。前有厅，后有堂，两庑有楼，丙舍寅阶，无乎不具。是观也……芸窗可以讲学，竹榻可以横经，则凤凰之山，将与鹅湖、鹿洞而并传。"广惠观初建于什么时候，嘉庆年间已经不知道了。20世纪50年代初，土地改革，它被分给附近的畲族贫苦农民居住，因为畲民不愿离开原村，嫌不方便，很快它便被拆毁，住户把木料砖瓦分掉搬走了。据俞源老人讲，广惠观的建筑和宣平县著名的元代延福寺"一模一样"，也是斗栱硕大而壮健。《广惠观重修记》中说旧观"几乎不蔽风雨"，可见嘉庆重建时原有的木构架还没有完全朽烂，因而可能有局部被保存到那时。从《广惠观重修记》中"前有厅，后有堂，两庑有楼"的记载来看，则形制与俞氏宗祠相似。宗谱里"成廿一公、礼十九公墓图"中有广惠观形象，循例是极不可靠，那幅图上，宗祠只是一幢三开间小屋。不过可以看出广惠观的大致位置。

特别值得注意的是，俞宗焕想把广惠观建设成一座书院，而且是可以与鹅湖和白鹿洞两座最高级的书院媲美的书院。那时候的俞源人已经把兴趣专注到经商致富上去了，他大约是一位少有的孤寂的读书人。现在在广惠观原址上造了一所初级中学，天天书声琅琅。在当前更大的经商致富浪潮中，俞源人并没有显示出过去曾有的经商天赋，俞源村的经济水平不高。村里造起不少新楼房，大多是房壳子，只有外墙，二、三层楼上往往连门窗扇都没有。如今的少年读书郎知不知道将近二百年前那位先祖的希望？他们将来能不能使俞源村的文化再发达起来？

洞主庙祈梦

俞源村唯一保存下来的庙宇是洞主庙，或者叫洞主殿，位于上宅东南以外一百多米的龙宫山尽端，大致朝西。民国《宣平县志》载："龙宫山洞主庙，在县东北四十里俞源，祀清源妙道真君，祈梦甚灵。每岁元旦起，七八日内每日一二百人不等，婺郡人为最多。如立春在先年腊底则少逊。"这是一座以祈梦灵验而名闻婺、括两州的庙。武义晚清名士何德润（道光十八年生，宣统三年卒，1838—1911）[①]写过一篇《圆梦史志》，说："龙宫洞主庙，祈梦甚灵，武义项秉谦尝斋宿焉，梦胆瓶，插萱花六枝，觉而言之，其友顾倬标曰：'萱，宣也；瓶，平也。六年秩满，君其司铎是邑乎？'项年少气盛，意勿屑也。后顾以孝廉捷南宫，而项以拔贡为宣平教官，竟以先兆。"（见何德润著《武川备考》）

洞主庙为祈梦人在北部造了一个三层的"圆梦楼"供他们宿夜，楼的正名是清幽阁。1983年恢复洞主庙香火后，每年农历六月二十六日洞主老爷生日前夜，求梦的人不但睡满了圆梦楼、庙内大殿、偏殿、前厅和廊下，连庙外沿东溪东北岸的大道上都睡满了人。村民家里则忙于招待各地来的亲朋们。嫁出去的女儿归宁，还会带来亲家母。四乡有些人凭《周公解梦》之类的几本术数书在路边摆摊给人解梦，收入很可观。平日求梦则由"庙祝"解释，他也解释神签，总是说些好话，抚慰人心，或者鼓励年轻人上进。

六月二十六日至二十八日，洞主庙庙会期间，俞氏宗祠内演三天四

---

① 何德润，武义南湖村人，终生未仕，从事教育和著述，最重要著作为《武川备考》12卷。

夜的社戏，通宵达旦，四面八方的邻村人也都赶来看戏。那期间也会有许多做小买卖的和设赌局的。

洞主庙来历

洞主庙虽然香火兴旺，但它的主神是谁却众说纷纭。一种比较正宗的说法是战国时代秦国在四川灌县建都江堰的李冰。李冰在全国普遍被尊为治水的神，俞源和附近许多山区村落常受山洪之苦，因此多建李冰庙，俞源凤凰山口也早有颜姓人造的李冰庙。洞主庙中现存的道光二十五年（1845）的石碑《洞主殿碑记》说："社庙之建无村无之，醵赀置产莫不专奉一神以祈黄茂而祝乌邪。俞源洞主庙则祀清源妙道真君，与我武二郎同，亦即二郎也。世俗不悉其详，猥以小说家所谓二郎神者当之，误矣！案秦李冰为灌令，开灌口堰，蜀人受其惠，罔弗祀二郎者。冰行二，故曰二郎。或曰，堰之成，冰次子实以死勤事，故祀之。当时称通济王，至宋封真人，而其祀遂遍天下。俞源之庙祀即始南宋，迄今六百有余岁矣。"碑文是住持道人郑萃灿和徒弟祝太义写的，文理不很通顺，但有几点很明确：一、这是社庙，又为了镇水；二、庙祀清源妙道真君；三、这位真君是李冰，叫二郎神；四、庙初建于南宋，但碑文又用"或曰"说庙也可能是奉祀李冰的次子的，他才是二郎，而且也会治水。于是就产生了究竟奉祀什么人的第一个问题。

考证清源妙道真君的称号，也有几种说法。道光二十五年的《洞主庙碑记》说清源妙道真君就是李冰。元人《三教源流搜神大全》（明刻本）则说："清源妙道真君，姓赵名昱，从道士李钰隐青城山，隋炀帝知其贤，起为嘉州太守。"后来赵昱率七圣制伏了春夏为水患的老蛟，"民感其德，立庙于灌江口，奉祀焉，俗曰灌口二郎。（唐）太宗封为神勇大将军。明皇幸蜀，加封赤城王。宋真宗朝，……追尊圣号曰清源妙道真君"。这位赵昱，在灌口有祀，与李冰相邻，又叫二郎，而且也制伏过水患，加以真正被封为清源妙道真君，那么，他也可能是这位洞主老爷。但乡民仍旧不服气，故事说，沉香打败了娘舅杨戬，劈山救出母亲之后，杨戬转而怜爱他，把一面写着"清源妙道真君"的旗帜送给了他。这旗帜本来是杨戬自己的，清源妙道真君是他的称号。他就是李冰的次子，叫李二郎。沉香得了杨戬的旗号，便称清源妙道真君。于是传说中便有四个"二郎"，即李冰、赵昱、李冰次子和杨戬，而李二郎可能就是杨二郎。

宣平和武义的普通百姓又提出了第二个问题：宣平人把这座洞主庙叫作香子庙，武义人明明白白叫它沉香庙。沉香是二郎神杨戬的妹妹华英三圣母与书生刘彦昌的私生子。他母亲因失贞被二郎神镇在山下，沉香七岁时经霹雳大仙传授武艺和仙术，先战败龙王，取来法宝，然后大战杨戬，劈开山头救出了母亲。洞主庙为祀他而建。可以作为这个说法的佐证的是：一、大殿正中奉祀的"三姓社主"的木雕像是个七岁的孩子；二、从祖先传下规矩，村中演戏不许演《沉香救母》这一出；三、俞源村四面八方的山山水水，从九龙山、龙宫山、龙潭、仙云山、棋盘石、石佛冈，直到不大的山洞、岩石等，有数不清的沉香战龙王的神迹，村人们到现在说起来还绘声绘色，非常生动；四、沉香曾用宝葫芦吸干海水降服了龙王，他也能镇水。

至于祈梦灵验，乡民也和学者持不同意见。学者说，南宋大诗人陆游有一首诗，题目为《淳熙元年夜宿伏龙观圆梦梦见李冰驾百丈鲸鲵从天而降醒后所赋诗》。伏龙观就是都江堰的李冰庙，可见李冰与祈梦早有瓜葛。乡民们则说，洞主庙是应梦而建的。南宋时，一位住在山铺里的朱村老人梦见一个七岁小孩，在龙岩山涧中龙潭的水面上来回奔跑，并且闻到了沉香木的香味。第二天绝早赶到龙潭边，看到一块沉香木在水面漂荡。他捞起沉香木，聚村民解梦，都认为是沉香子显圣，因为龙岩山涧就发源于九龙山，而九龙山是沉香战败龙王后从龙宫变来的，沉香就在山上成神。于是村民便把老人住的山叫梦山（就是现在的小祠堂山），在龙潭边造了祭祀沉香的洞主庙，神像和神牌便用龙潭中捞出来的那块沉香木做成。初建的庙很小，元代时，俞氏三世祖俞至刚才在现在的位置重建了新庙，把原来的神像和神牌搬了过来。可惜神像在"文化大革命"时被毁掉，神牌几年前被人偷走了。因为洞主庙是沉香托梦而建的，所以，它也成了人们祈梦的地方。

乡民们又说，俞源洞主庙每年举行两次庙会，一次在农历正月十三，连上灯节，一次在六月二十六，是洞主老爷生日。原来二郎神杨戬的生日和沉香相同，都是六月二十五日。但武义城里有座二郎庙，俞源和县城同一天举行庙会的话，香客和小贩等杂色人都忙不过来，经过协调，俞源的庙会推迟一天，这叫作"甥让舅"，可见洞主庙祭祀的确实是沉香。但是，据一般神话传说，六月二十六是李冰的生日，武义的戏班都以正月十二为二郎神的生日，那么，洞主庙正月十三的庙会才是"甥让舅"让出来的。乡民的说法可能有一点小差错。

如果二郎神杨戬就是李冰的次子，那么，不论是杨二郎还是李二郎，加上沉香，本是三代一家人。只有赵昱是李冰的同行和邻居。至于为什么叫"洞主"，已经没有人追究了。

洞主庙位于龙宫山的尽端。龙宫山来自九龙山，九龙山是俞源"发脉之山"。龙宫山止于龙潭水和仙云水相汇处，洞主庙便在龙宫山的正穴上。"脉止处为真穴"，这是风水术的说法。但乡民们另一个更有民俗味的说法是，九龙山的山洪常常成灾，洞主庙正压着九龙山的龙尾，龙被压得动弹不得，山洪就不会肆虐了。九龙山的龙是沉香救母时斗败了的，所以请了沉香来镇压。这似乎是洞主庙正祀沉香的最有力的证据。

尽管有一块道光年间的石碑，不管怎么说，村民们还是偏爱沉香。他小小年纪，拜霹雳大仙为师学武艺，斗败龙王取宝，又打败封建卫道士亲娘舅杨戬，劈山救出忠于爱情的母亲，这浪漫得很的故事太动人了。据说，沉香为借宝大战龙王的时候，用细腰葫芦吸干了海水，龙王才不得不投降，所以俞源村人至今还用细腰葫芦装酒和水，葫芦外面用细篾丝编上非常精致的套子，下地、出门都背上。葫芦里的酒、水，口味甘甜，长期不变质。这种葫芦是俞源村的特产，家家户户的檐下都挂着几个还没有编套子的，等待干透了再加工。俞源住宅的门窗槅扇上，雕花以拐子龙为主，这和当年沉香所擒的龙王本来是霹雳大仙的拐杖变的一说，或许有点关系。

本来洞主庙的主神"三姓社主"神像是七岁的孩童，乡民都叫他洞主老爷。砸毁之后，现在新雕的一个却是四十来岁老农的模样，乡人们很不满意，打算另雕一个。

大殿上除了"三姓社主"沉香之外，神仙菩萨杂乱无序，表现出农民神谱的功利主义特色。沉香居于明间中央；左次间供梦神和夏禹王，传说以前夏禹王的位子供的是李冰，是从水口颜氏的李冰庙搬来的，前几年重修洞主庙的时候，觉得禹王治水的能耐比李冰大，所以改塑了禹王；左梢间供天庭中守护大门的周将军、唐将军、葛将军，是从雪峰庵搬来的；右次间供财神和五谷神，是从慈姑堂搬来的；右梢间则供周文王夫妇，据说他们多子多孙，可以帮人多得子息。此外，左手跨院是观音堂，正中供观音，左边文昌帝君，右边关公大帝，是文武二圣。右手跨院是土地堂，供土地公公和土地婆婆。这些神仙菩萨的专业关怀，足可涵盖农村生活的一切方面。

洞主庙的管理

据道光二十五年（1845）的《洞主殿碑记》记载，庙产香火田是乾隆癸巳年（1773）由永谐、永隆、长发"三班香会"和"会长"李嵩萃捐置的。李嵩萃居于很重要的地位。

这件事也有故事。洞主庙本来是俞氏三世祖至刚重建的，没有李氏的份。乾隆年间，拔贡俞启元的次女琪与李嵩萃的第四子君荣定亲，俞琪要求的陪嫁，便是让李氏共有洞主庙。于是两姓协商，俞姓提出，以后每十年一次的"开光"，沉香的全身金箔和龙袍以及每年擎台阁时抬神牌的三十二个人的素面点心由李姓出，则洞主庙可以两姓共有。当时发财正红火的李嵩萃一口应承了下来，于是俞琪和李君荣于乾隆壬寅

（1782）结婚。从此俞源村也添了一个风俗，凡娶亲的，都要先去洞主庙进香，供熟猪头、熟鸡和利市香烛。虽然李姓出钱是事实，这个小女子讨嫁妆和睦两姓的可爱的故事却有疑问。洞主庙里有一块石碑，刻着《台阁碑志》，说"擎台阁始自清咸丰"，那就比李嵩萃晚了许多年。不过这块碑是1993年腊月在擎台阁被迫停止了44年之后重新恢复的时候立的，它所说的也只凭大家的传闻，未必可靠。至于从什么时候起，沉香成了俞、李、董"三姓社主"，现在更没有人说得清了。

台阁·龙灯·庙会

洞主庙每年两次庙会。正月十三日，白昼擎台阁；十三、十四两晚闹元宵龙灯，十二晚预演。数日前，由"龙头会"在每户门上贴红纸条，书"小心火烛，平安多福"八字，各户保存全年。六月二十六日洞主老爷生辰，则在俞氏宗祠演三天四夜的戏。

擎台阁由一个叫"春彩会"的主持，下面又有专司一职的大旗会、蜈蚣旗会、铳会、纸马会、南瓜会等。各会的成员在擎台阁时分别负责举大旗、牵纸马等，南瓜会负责仪仗执事和十八般武器，制作的费用由会中公出。每个会都是在若干年前由某些先人们各出固定的田产合股成立的，股份由直系后人继承。每年田租收入除支付各项费用外，还有盈余可分。另有"消灾会"，由上宅、下宅、下明堂、前宅（俞姓）、李家、董家，六家逐年轮值，做"消灾馒头"，在台阁游行时散发。这六家各有固定的田产以收入专用于做消灾馒头。

每抬台阁由一至三个小孩扮戏剧场景，父亲、叔伯抬着，服装、道具由春彩会置办，出台阁人家要交租费。出台阁不但是喜兴的娱乐，也有为孩子祈福的意思，所以参加的人很踊跃。抬数不限，消灾会也出一台。台阁游行时，有仪仗执事、銮驾、大旗、蜈蚣旗等先导，沿途放铳。纸马会出四匹纸糊的马，说是沉香的马。其中有一匹马是跛的，因为沉香成神之后，战马休闲，马倌放牧出去，不小心吃了农民庄稼，被农民砍伤了一条腿。沉香不但功业显赫，而且尊重农民劳作，平等待人，奉公守法。在一连串的沉香节节胜利以至成神的故事之后编出这样一个故事，年年表演一番，寓意很深刻。游行队伍的最后是沉香像，坐在神轿里。轿前的木制蜡烛上套着红纸折的三角帽，村民们挤上去哄抢，相信抢到的人家当年会生男孩子。

擎台阁的游行路线是，从俞氏宗祠出发，直奔洞主庙，然后回环到丛桼、广惠观、前宅、李氏宗祠、下宅、上宅，在上宅解散。每到一处，都做一番表演，收红包。这六处都有一个不大的空地，叫龙灯坛。前宅坛、下宅坛和上宅坛就在这三处俞氏香火堂前，也叫龙头基。

龙灯也走这条路线，龙灯由初堂组织"龙头会"主持。祠堂出一部分钱，各家捐助一部分钱。同治乙丑年（1865）重修《俞源俞氏宗谱》说："原夫俞源新正向有龙灯佳节，以迓神和，以庆人瑞。凡生男者，各出己资志喜也。今幸族中助田者有人，交与祠内经理，议以租之所入偿其用之所出，每岁给钱八千文，以襄其用，则贺有喜而成其美。凡生男头首，无论同异姓，均得沾其惠焉。"俞源的龙头田共有七亩。龙灯由板灯接连而成，木板每节长四尺，宽八寸，上置灯两盏，下有木棒柄。凡有16—35岁的成年人的人家，每丁出一节，称一桥。年轻人爱热闹，参加的也很踊跃。①龙头很大，要四个人抬，另有四个人持钢叉卫护。龙头分三层，挂72盏小花灯，每盏由一个竹扎糊纸的人物提着，除了必有的一盏皇帝灯、一盏太后灯、一盏状元灯由祠堂专做之外，村中凡头年生了一个男孩的，都要做一盏灯挂上。各家的灯的样式自便，大多是故事人物和"官人"。龙灯顺序游行到了六个龙灯坛，都要舞弄一番，扛龙头的会走花样，扛龙尾的最要有力气、有技巧。十四日晚在上宅坛拆灯，十五日分领龙头佛，即各家将龙头上所挂的小花灯取回。

洞主老爷生日在六月二十六日（？），头天晚上祈梦，正日子起在俞氏大宗祠连演三天四夜大戏。这次庙会最热闹，四乡八村的人都来赶

---

① 1998年龙灯有一百五十多节，从洞主庙一直延伸到树桥头。

会，甚至有的来自金华、丽水。有来进香的，有来祈梦的，有来摆摊子卖货的，有看相、算卦、解梦的，也有拜了村口乌石狗来赌博的，挤满了东溪东北岸。庙会是俞源人和外界最重要的联络机制之一。

擎台阁、闹龙灯、办庙会都是俞源的重要娱乐，求神签、圆梦在当时情况下也给乡民们心灵的慰藉，所有这些活动的意义都是复合的。其中固然有迷信的成分，但更重要的其实是集市贸易、文化娱乐、串亲访友等，它们是单调的农村生活中亮丽的色彩，具有浓重的人文性。1949年后，活动被迫停止，村民们念念不忘。20世纪80年代中叶，大形势变了，活动很快自发恢复。1987年，祈梦的达到四千多人。1998年春节，龙灯游行几十里，一直舞进了县政府的大院。洞主庙和这些民俗文化活动紧密联系在一起，是这些活动的条件或动力源。它进入了乡土生活之中，从乡土生活中得到灵魂，得到生命。它不仅仅是砖木石块的结构，不仅仅是一种人为的空间，也就是说，它不仅仅是一个或美或丑，或单调或丰富，或轻巧或庄重的建筑物，它成了乡土生活的历史见证，成了乡民们感情的寄托，它是乡土文化很活跃的一部分。

洞主庙的建筑

洞主庙所在的风景是全俞源最美的。它背后的山峦重重叠叠，最雄奇；它左右的峡谷曲曲折折，最幽深。龙潭水和仙云水哗哗啦啦喷着白花在它门前汇合，山上郁郁葱葱翻着绿色浪涛的阔叶树林，衬托出它雪白的粉墙①，清新鲜亮。远在村子中心，就可以见到它。循东溪走去，它以斜角迎着，展开它最丰富的体形构图。它北侧的仙云水上游，有"俞源八景"之中的两处："啸云秋猿"和"峡石潮音"。嘉靖年间的拔贡俞世美题"峡石潮音"诗："苍岩落照映芳林，万壑涛声远碧岑。迹胜钱塘无涌缩，势奔峡石没升沉。"它西侧的龙潭水上游有八景之一的

---

① 洞主庙现在归县旅游局管辖，1997年，局长下令把白墙刷成了赭红色。

"龙宫瀑布"，明人俞聪涛写道："灵源一派与天通，破声悬崖喷石碛。千古山溪钟秀奕，银帘高挂水晶宫。"洞主庙本身也在八景之中，叫"琳宫晚钟"，俞世美有诗："郁罗楼阁耸天飞，洞口云深锁翠微。几杵疏钟烟径晚，一声仙鹤月中归。"

洞主庙的主体是一座五开间的大殿，殿前隔小院是高爽的五开间下厅。两侧厢廊宽阔，厢间也仿若敞厅。大殿左侧跨院是观音堂，五开间正屋；右侧跨院是土地堂，正屋三开间。殿、厅、厢、堂都向小院或天井敞开，空间很通畅、有层次而又静谧。大殿里香烟缭绕，烛光摇曳，朝拜的人把签筒摇得唰唰地响，抽得一支，便向庙祝买签条，求讲解。庙祝①察言观色，总能给他们安慰，使他们对生活有信心。

下厅的左边有斋堂和香积厨，右边有一幢清幽阁，村民直呼为圆梦楼。楼为三层，顺地形造，第二层与下厅同标高，底层在下厅高高的蛮石基墙外。它正房面对殿堂方向，也是五开间，有一个天井，厢房三间。二、三层与庙的右厢相接，形成跑马厅，环天井造栏杆，虽是内向的，却空间通敞，光影的变化十分丰富。圆梦楼底层除中堂外分隔为小间，租给祈梦的人。祈梦人太多的时候，如庙会时节，可在二、三层睡地铺。

正门入口是洞主庙建筑设计很成功的部分。由于地形关系，庙的地坪填起很高，它面临龙潭水，门前台阶不能直进，只能循墙而上。登十三级来到门前，右手有一带照壁正对庙门，正对台阶的墙上本来大书一个"佛"字，不久前大约为了表示思想大有进步，改为"梦"字。左手是庙门，一对门扇上画着高大的门神，金碧辉煌，在素净的白墙黑瓦衬托下光彩夺目。

墙的下部用大块蛮石砌筑，上部墙身平洁，而圆梦楼的顶层却是外向的，木结构很华丽，翼角高高挑起，十分轻盈玲珑。它与蛮石墙的对比造成了洞主庙活泼浪漫的性格，中间又有一层素粉墙过渡。洞主庙的

---

① 现任唯一的庙祝是1922年出生的俞耀宗（20世纪50年代后改耀忠）老先生。解签收一元，圆梦收一元五角，三分之二上交旅游局。

住宅门窗

活泼浪漫还在整体的参差错落、不拘一格，正面一片长墙衬托着入口台阶和照壁，有变化又有层次。洞主庙形象的浪漫气息，更强烈地表现在它位于山麓溪边，与自然融合，因此便与满山满谷无处不有的沉香大战龙王和二郎神的遗迹相融合，以致乡民们不顾石碑的记述，不顾学者的考证，坚持地叫它沉香庙、香子庙。但愿有朝一日，会有高明的艺术家把"三姓社主"的神像再雕塑成一个善良、勇敢、智慧的七岁娃娃。

文教建筑

自从魏晋南北朝世袭的士族门阀制度开始解体之后，隋唐开科取士，文化逐渐向平民普及。到了宋代，门阀制度彻底消失，科举制度趋于完善，大大激发了平民读书的积极性。在农村的自然农业生产状况之下，不论贫富农民，攀登社会阶梯的基本的甚至唯一的道路是科考进仕。因此，亦耕亦读虽然只对极少数人是现实的，却成了一种影响力很大的生活理想。各地宗族普遍重视子弟读书，都有公产"儒田"作为教育经费，资助子弟膏火、赴考、谢师等等。后来，到了明末清初，商业经济从农村市镇发展起来，从商是一条更为便捷的道路，渐渐消解了耕读理想，并且动摇了传统的重农轻商的四民观。这个历史变化同样反映在俞源村的文化教育建筑中。

文化优势和不成功的科名

在俞源村，不论俞姓还是李姓，科名仕途都不发达，更不用说小姓了。明清两朝，只有俞大有中过嘉靖丙戌（1526）科的进士。不过，俞姓始迁祖毕竟是个有见识的松阳县儒学教谕，元末明初俞涞的四个儿子和孙子道坚又同当时大文人苏伯衡（或许还有刘基）交往，所以明代的后人中还很有几个富于人文气息的。他们或者壮游天下，交接名士；或者绿窗读书，吟诗作文；或者在家乡建造一些很有意义的文化建筑，如迎玩堂、皆山楼之类。他们赏玩山林，题咏"八景""十景"等，明代永乐丽水进士俞俊作《俞源八景歌》，在极赞俞源自然风光的美好之后，有句道："俞君自是人中龙，早从此处巢云松。浩气英风出尘表，峨冠博带承恩隆。为爱家园好风景，遂弃功名乐天命。山山水水尽登临，笑倚栏干自咏吟。"把不求仕进说成是因为雅好山水之乐，这也是俞德太公的传统。同治乙丑（1865）《俞源俞氏宗谱》里有"俞川十咏"，题为"金屏红旭""锦石彩云""马洞桃花""虹桥柳色""东亩嘉禾""西塘芳草""松楼笛韵""竹坡书声""风门牧唱""雪里樵归"。清雅脱俗的诗题透露出这些人的趣味。村中也出过几位有学问的人，例如永乐年间，俞涞的曾孙俞翀膺被征辟，任邵武府教授，是个小有名气的理学家，以《义利辨》名于世，他也是个书法家，人称"铁砚先生"。嘉靖年间的江西宜黄知县俞世美是个颇有声望的名士，善吟诵，留下许多诗篇。在宗谱的明代部分，这些文化人物事迹是主要的内容。作为世家望族，俞氏的姻亲中有些是社会地位比较高的，如俞大有的姑父就是宣平上坦的泮湘，正德三年（1508）进士，任御史。大有小时候受过他的激励。村民传说，清初康熙六十一年（1722），俞文焕被宣平知事于树范聘为西席，知事儿子于敏中于乾隆二年（1737）中状元，手书"祐启堂"匾赠给老师，老师的后人从此立了祐启堂房份。

李氏在明代也是世家望族，始迁祖李彦兴的叔父李惟齐是洪武年间进士，民国《李氏宗谱》说他"纠察广明，名誉著于朝野"，大约是个御史。彦兴和他的儿子也都读书明德，是很有声望的乡绅。

俞氏和李氏，在俞源，在周围农村，甚至在宣平全县，保持着文化的优势。

发财致富和读书仕进的矛盾

明末清初，在全国商品经济发展的大背景下，有些俞源人仗着家世和文化优势，在商业上有了些许成功，俞源人的生活和价值观发生了重大变化，纷纷"弃儒从商"。到清末，大约有80%的俞、李、董三姓的人与商业发生关系。在这个过程中，村人的文化水平明显下降了。在宗谱的清代部分有传有序的，都是财主富人而不像明代部分只给文人名士立传。这些传、序大致是一个模式，先是"少年业儒"，聪颖过人，未及弱冠就"淡泊功名"，然后"肩负家政"，不久便发财致富，"出连阡陌，肯构华屋"，于是"乐善好施"，济贫扶困、修桥铺路，最后"课子攻读"。下一代还是按这个模式再轮回一遍。到了清代，经商大有实绩，就更加"不乐仕进"了。读书名为"业儒"，其实主要目的是为了识字断文，能写会算，利于经营罢了。

明代宣平出过108个贡生，其中有俞源人10个。有清一代，整个宣平县有247名贡生，俞源俞、李两姓共有贡生18名，占全县的7.3%，好像不少，但当时贡生头衔是可以用捐输方法买到手的，所以贡生数量的文化含量并不确定。

俞源村的一些人虽然经商致富，但宗族长期固守的"士为四民之首，商为四民之末"的儒家传统思想给了他们巨大的心理压力，觉得不很体面，于是把经营有成而科名不济归咎于风水。村民说，某年一位在京里当官的松阳人，因父亲染疾告假省亲，途中骑马来到朱村，远望俞源，见四面奇峰茂林，紫气环绕，认为村中必有高位人物，赶紧滚鞍下马，肃容步行前来。待转过凤凰山，这位官老爷忽然由恭敬一变为倨傲，上马穿村往宣平而去。从人问他原因，他说，俞源有剡心山^①，只会出财主，不会出大官。他当年重新上马时候踏过的一块乌岩，后来被叫作上马石。这则故事反映出一些村民自卑的心理和无可奈何的宿命论。不过，经商纵使比不上当大官，总比寒窗苦读只熬得个地方小官实惠，更不用说比辛苦的耕作了，所以，俞源风水传说中更多的是会发财，会出大财主之类，显出一些村民对俞源村富裕的自豪。

---

① 剡心山，即小祠堂山的尽端，直指向上宅与下宅之间。

学堂和书屋

在元末明初俞源村建设的第一个高潮时期，曾经建造了一批很有文化教育价值的建筑，如以藏书读书为主要功能的皆山楼。这些文教建筑的建设，在江南农村中虽不算很特殊，却也不很落后了。但是，顺治十三年（1656）兵火中被毁之后，由于俞姓人这时已经弃儒就商，再也没有重建或再建重要的文教建筑。

清代初年，俞继昌（万历四十三年生，康熙二十四年卒，1615—1685）扩建大宅六峰堂（即声远堂）之后，他的孙子于乾隆年间又在左后方建造了一座六峰书馆，俞从岐（康熙四十一年生，乾隆五年卒，1702—1740）在现在的十家头造了一座后朱书屋，前宅的李嵩萃（康熙五十五年生，乾隆五十八年卒，1716—1793）在他的大屋东北角外造了一座培英书屋，因为花格窗上刻了"读圣贤书"四个字，所以村民习惯叫它"家训阁"。这三座书屋都是家塾，它们是清代仅有的公用性文化建筑，此后再也没有兴建了，只有几个富商在私宅建几间书屋。俞宗焕把广惠观建为可以和鹅湖书院、白鹿洞书院媲美的愿望根本不可能实现了。

六峰书馆、后朱书屋和培英书屋都还在，可惜都已经破败不堪，如果不赶紧抢修，便不能长久了，俞源村文教建设的历史见证也就没有了。

后朱书屋在上宅东端外侧，是一幢五正四厢的三合院，坐北朝南。形制没有特点，和当地的中型住宅一样，不过更简素。楼上中央为三间通连的"轩厅"，过去是课堂，这是它作为书屋的唯一特点，现在用作香火堂。书屋在清代末年卖给了俞佐魁，现在他的后人住着。

六峰书馆在下宅六峰堂（声远堂）左后方，比后朱书屋考究，门前有长12米、宽6米的空基，细石子铺面。进门是三合院，正房也是三开间，不过右侧因房基地关系以致正房右梢间和右厢房外侧都还有一个不规则的房间。两层，前后有厢房，有天井。后进还接着一座三合院，但正房已毁，只存两厢，也是两层。左面有一个21米长、6

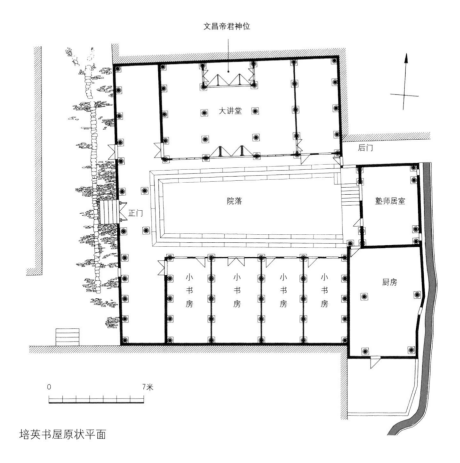

文昌帝君神位

大讲堂

后门

院落

塾师居室

正门

小书房 小书房 小书房 小书房

厨房

0   7米

培英书屋原状平面

米宽的花园。前进楼下明间是拜孔夫子和朱熹的地方。书房在楼上，大通间，有前廊，廊柱间设镂花栏杆，面对栏杆，外檐装修前有靠背长椅，坐在长椅上可以从檐下望见村南的六峰山。清代中叶，宣平拔贡、县学训导邑人李仁灼在六峰书馆吟诗，有句："六出奇峰通帝座，九环曲涧绕龙门。"但是绕龙门而不跳过龙门，所以也就没有通到帝座。道光丁酉年（1837）贡元、县学教谕俞凤鸣出身于六峰堂，写了一首诗叫《六峰馆消夏睡起》："何用纱橱避赫曦，藤床竹簟恰相宜。窗前莫问初赓赋，枕畔还吟未了诗。鸟被树迷当户唤，云如人懒出山迟。陶然自领羲皇意，蝴蝶庄周两不知。"〔均见同治乙丑（1865）《俞源俞氏宗谱》〕他或许担任过这个书馆的教席。书馆在20世纪50年代初社会大变动时分给村人当住宅，现在因主人经常外出打工，被废弃了。馆内已经空无一物，后厢倒塌，正屋屋角朽烂，楼板也缺失很多，主人说是拆下来做家具了。

前宅的培英书屋是一座真正有书塾特色的建筑。它有一个东西狭长的院落，南北各五间房屋，南侧一溜四间为书房，北侧中央三间通敞，明间太师壁供奉先圣，东梢间是书房。南北房的西梢间都和主要的西门屋相连通，院落的东端已经到了祠堂山脚，上七步高台阶，是一大间塾师的书房，居高临下，对学童们有一点威严感。塾师书房南边的大房间，是厨房兼餐厅。20世纪50年代初，书屋也被分给了几户村人居住，现在已经十分破败。从南侧书房残存的外装修看，当初也是细格子门窗，很考究的，"读圣贤书"的家训就雕刻在南侧明间一扇窗子的格心上。

除了这三座学馆之外，有些人家住宅里附建书房或私塾，如上宅"九道门"的书房和下宅徐节妇家声远堂书房。它们都是三开间的小院，很雅洁清静。徐节妇17岁嫁到俞家，22岁守寡，上奉翁姑，下抚遗孤，苦度岁月。她专门为儿子俞维继造了这个书屋，儿子的读书成长、有出息，便是她一生精神的全部寄托。这个小小的院落里，不知印过她多少次尖尖的足迹，听过她多少次轻轻的叹息，儿子睡早了，怕他懒惰，睡迟了，怕他过于劳累伤了身体。这书屋已经不再是一座土木建筑，人们至今还能从它身上读出宗法制度下一个奉献了一生幸福的妇女含着血泪的希望。①

三座学馆及几家住宅里的书房和私塾，虽然没有培养出跳过龙门的人才，但俞源子弟受到基础教育，提高了学识，因文化优势而能在商业上有所作为。宗祠的儒田比较多，贫寒人家子弟要读书可以得到资助。所以宗谱中屡屡可以见到自幼失去怙恃的苦孩子读了书，然后勤俭起家。俞君选、俞君泰兄弟和李嵩萃都少年穷困，后来经商，终致富有，而且都成了贡生。

---

① 村口丛森外的一座节孝牌坊便是为她建立的。

商店

俞源村的俞姓和李姓，有八成左右的人家，凭借社会的和文化的优势，利用资源丰富和交通便利的条件，从事商业，有些人因此发财致富。但是，他们的老家俞源村却长期只做过路人的生意，没有成为一个繁荣的地区性商业中心。除了一年两次的洞主庙庙会时节百商云集之外，直到清代末年，才有定期的市集，而市集本来是中国农村主要的交易方式，历史十分古老。这是因为，俞源人的经营主要是贩运山货和粮食，赚了钱再买土地，所以并不着意开拓本地农村市场。封闭的家族式经营，没有辐射力，而且附近山区聚落稀少，人家都很贫穷，对商品的需求量很小。

早期商业

不过，俞源村是宣平到武义，或者说是婺州到处州的交通线上的一站，本村居民有了比较强的商业意识，有不少是小康的，甚至富裕的，所以，到了20世纪中叶也有过十六七家店铺。由于宣平县的经济很落后，相比之下，俞源竟成了本县一个商业发达的村落。1926年《宣平县志》载："日用所需，设肆以贸易者俗称货店。宣邑货店货物夹杂，无一专业者。南货、布匹、酒坊，一店而兼数业者不一其家。城内货店数十间，生意较前日形兴盛，地方稍大之村如陶村、俞源等处，其商业亦均见发达。"又载："治病资乎药，聚药以设肆者谓之药店。宣邑药店，城内七八家，陶村三四家，俞源三四家，药品稍称完备。此外各村间亦有药店者，所用药品大都土产居多，运自金、兰者亦系下等货色。所谓川广药材，徒具其名而已。"

这十几家店铺，都分布在宣平到武义的过境大路和沿东溪北岸的村中大路旁边。两条大路相交的丁字路口和树桥两头店铺最密集，因此成了商业中心。桥梁是路上和村子的地标性构筑物，容易进入人们的思维和记忆；桥头也是空间环境变化最大的地方，容易引人注意；而且桥梁在交通线上，又常常是信息源，所以，店铺喜欢开在桥头。这是农村中最常见的现象。

清末民初，俞源有了集市，入境商品主要有食盐、煤油、火柴、细布、常熟布、白糖、海菜、腌货，出境商品有米谷、茶叶、靛青、屏纸、竹木等。

路边小店

树桥南，路西是一家歇店，兼卖饭，建于清代，以女店主的名字而称为银妹客栈。这里专做过路人生意，分为大小不等的五开间，两层楼，辅助杂屋在后院。路东一家是恒源南货店，实际上只卖油、盐、酱、醋、酒和小食品；它北墙外面临东溪有一间小敞轩，卖肉。树桥北，路西是广益南货店，卖糕饼、文化用品和颜料。对面路东是一位永康人周德兴开的南货店，以他的名字命名小店，除了南货，还卖酒、肉。酒是自酿的，店铺的后院有个大酒坊。周德兴南货店的北邻是广元兴，也卖糕饼和酒。从树桥往南，到利涉桥前，有一家徐正炳豆腐店。

东溪东北岸大路是半边街，只在北侧有房子，店铺间隔而立，并不接续，从树桥头向东，第一家店铺是廷谟先南货店，附带卖药。廷谟是店主名字，姓俞，"先"是尊称，或许是先生的简称。然后是甡记南货店、德茂裕南货店、恒益南货店，都兼卖肉和酒，酒也都是家酿的。再往东南，是广生堂药店，店主行医。药店东南，还有一家花纸店，店主能写会画，特长画兰，除了文具、纸张、鞭炮之外，还卖对联、书画、花灯。这条路是通向洞主庙的，所以各店铺都卖香烛之类的利市用品。此外还有一家布店和一家理发店。还有些小店面，只在洞主庙庙会时期营业，平素里关闭。东溪西南岸，临溪，面向东北，有一家济生堂药店，五开间的四合院，是兰溪县诸葛村人来开的，东半边门面卖糕饼。

店铺都"一店而兼数业"，卖糕饼和酒肉的多，反映出村子里商人家庭的生活水平比较高。

一个触目的现象是村里没有一家铁木农具店、篾器店、木器店和五金店，这也反映出村子里从事农业劳动的人不多，而且附近山村人们的购买力很低。铁匠是流动的，外地人来设炉打制，开业个把月，然后再远走他乡。

但村里有很好的篾作匠，都在家里工作，接受订货，所编的箩筐、晒匾、鸡鸭笼之类的劳作用具都很漂亮，尤其是细篾作，如妆奁盒、针黹笸箩、礼盒、提篮、细腰葫芦套等，极其精致雅秀。

村民家都有同样极其精致雅秀的木器，如床、柜、箱、桶等大件和各种各样小巧的用具，如妆台、果盘、文具屉、脂粉盒、镜架之类。这些木器不但造型好，设计巧妙，还有雕花和闪亮的铜件。它们都是祖母、母亲或者妻子的嫁妆，几代人珍爱地使用着，保存着。这种成套嫁妆，一般都由有女儿的人家把师傅请到家里来做，往往要做几年。

有些东西，如"洋货"，包括机织细布、煤油、化学染料等，要到宣平或武义县城去买，一天来回，有些则在洞主庙庙会期间买下。

衰而复起

1956年，在农业合作化运动中，大多数商店都被关闭取消，只留下一家中医诊所兼药店和一家理发店。60年代初，在树桥头东北角造了一幢供销合作社，两层的灰砖楼房。为造这幢房子，拆去了周德兴南货店、广元兴南货店和延谟先南货店。其他几幢小店则改作住宅。村民们失去的不仅仅是店铺给他们的便利，而且也失去了公共交流的场所，生活黯然褪色了。到1992年，改革之后，供销合作社由私人承包，并且陆续开张了一些私营小店。1998年初，沿宣武大道和东溪东北岸有百货兼肉菜副食店15家、裁缝店3家、理发店5家、饭馆2家、小电器小机械修理店1家、供销合作社1家。此外，有铁匠铺1家、木材加工厂1家、粮食加工厂1家、茶籽榨油厂1家。总计34家商店和农副产品加工厂，外加1家中医药店，另有8家在巷子里。除了供销社拆掉的三座老店铺外，银妹客栈被医疗站占用，德茂裕南货店改成了理发店，恒源南货店和济生堂、广生堂两家药店都仍然作为住宅而没有恢复。

这时候，新建的武义至宣平的汽车公路在俞源村北不远的朱村转弯过陶村而去，俞源不再在交通要道上，更加不能起地区性经济中心的作用，而北面15里公路边本来只有几户人家的小村王宅却发展成了一个商业十分繁荣的大镇，除了各色商业、服务业店铺之外，每逢二、五、八都有市集，俞源人买衣服和比较精致的东西便到王宅去。从俞源到王宅有了私营的中型公共汽车，以树桥为起讫站，恒源南货店北侧临水的卖肉小敞轩自然成了再好不过的候车亭。

店铺与休闲

商业的恢复不但重新便利了村民的日用供应，而且给村民增加了一种公共生活场所。店铺位于路边，买东西的村民来来往往，店主人为进货常常进城或者去王宅，所以店铺是各种新闻消息汇集的地方。店铺又都是排门式的，白昼卸下排门，店堂完全开敞，坐在店里可以看到街景，与过路人招呼问候，因此，店铺无例外地都成了村民的休闲场所。每家都有自己的熟客，有的坐着几位老人，各捧一只茶壶，泡上自己采制的新茶，并不说话，沉醉在彼此几十年的交情里；有的坐着几位妇女，一面做针线，一面照看孩子，不知说了些什么，时不时笑上一阵；年轻人也有固定的聚会店铺，聊天，喝黄酒，吃茶叶蛋，跟女店主逗逗笑话。这些常客有时候带来几棵竹笋，一只山兔，放在店前台阶上出卖，有时候也会代替主人付货收钱，随随便便。

小店里展开的乡村生活场景，非常富有温馨的人情味。仿佛开一家小店，并不为做买卖赚钱，而是为了享受交往的乐趣。

店铺形态

老店铺的形态大致有三种。第一种是四合院，把前进的正面敞开，装成排门店面，后进和两厢作居住用。东溪南岸的济生堂药店就是如此。它前进五间，左边两间是中药店，右边两间是糕饼铺。这幢房子是民国初年造的，内院的装修非常华丽，甚至过于繁缛，雕饰已经不适应建筑构件的基本功能表现。

第二种是在主人的三合或四合院式住宅旁边添建一小幢沿街商店。如德茂裕南货店，它造在三合院的右侧，店堂不大规整，只有一间半，店里卖酒，院里酿酒，货物的储藏就在院里。这座小小的南货店二楼以坐凳栏杆挑出，三只牛腿十分华丽。栏杆上镶五块华板，分别刻"雨露焕文章"五个字，或许它初建的时候本来是个读书楼。它面对东溪，远眺六峰，原是读书的好地方。乡人们则传说，这楼是主人家女眷看台阁和龙灯用的绣楼。这是这一带地方通常对外向式木装修房子的附会说法。不过，它的底层为通间排门，有长长的台阶，是典型的老式店面做法。

第三种是独立的店屋，以银妹客栈和恒源南货店为代表。客栈五开间，楼上是住房，楼下有柜台，卖些南货。后面有一大间厨房、一大间柴房。旧时习惯，赶脚人歇夜，往往自己煮竹筒饭。担子上挑着竹筒，里面装着米和霉干菜，进了歇店，往竹筒里加点水，丢进一直滚着开水的大锅里一煮，就成了香气四溢的干菜饭。中午打尖也可以到这里来煮竹筒饭。银妹客栈二楼向前挑出，带坐凳栏杆，下面不用牛腿，而用很精致的垂花柱和呈方，分寸恰当，不求华丽。客栈歇业之后，门面经过改造，不完全是原貌了，现在开着中医药店和几家小吃店。

商店门面

老店铺一般沿街，都用排门，排门占通间面阔，门板每块宽45—60厘米，按固定顺序装在上、下槛间，上、下槛都有槽口，夜间上了门板全面封闭，有两扇门板装着转轴，上了排门后，如果必要，可以从这里出入。白天营业时，把门板卸下，商店对街道完全敞开，内外空间畅通。村店不做广告，为了买卖兴旺，就要吸引村人注意到店里的商品，采用全敞开的店面，可以最大限度地把商品直接展示在村人眼前。店堂里多少有一点制作、加工、整理，这种情景本身就能引起村人的兴趣和信任。中药店伙计把刚刚收购来的黄精、白术用小铡刀飞快地切成薄片，买药的人捻起几片看看，随便问一下是哪个村的什么人送来卖的，心里踏实得多。要买酒喝，当然也要看看酒坛子的黄泥封口是不是严实。小店主们做买卖都讲诚信，直观性是小店取得村民们信任的重要原则。

店堂里有曲尺形柜台，垂直于店面的一边较长。台面便于买卖双方的操作，同时也对货物和银钱有一点保护。柜台是木制的，台面靠外的一端有一条细缝，镶着黄铜片，收了钱往缝里一塞，便落到下面的银柜里。顺街一边的柜台下砌一道向外凸出33—40厘米的砖质槛墙，大约130—150厘米高，上沿围一道小巧的木栏杆。这里的排板只剩了上半截，成为排板窗。板窗下槛贴在槛墙内缘，上了排板后，槛墙上的小台面露出在板外。其中一块窗板有转轴，可以开启，晚间有人来买些东西，便开这一扇，这是为了店铺的安全。恒源南货店的肉案前也有栏杆，为的是防止剁肉的时候伤了人，这是为了顾客的安全。

住宅、祠堂、书屋，村子里所有传统建筑都是内向院落式的，街巷中所见，无非是墙。唯有商店是外向式的，而且全开敞，五颜六色的商品以及男女老少的店主和顾客给村子的面貌添了活泼的生气。

住宅

住宅是乡土建筑的主体，不但数量多，又是乡民日常生活的基本物质条件，当然应该蕴含着丰富的民俗信息，可惜方志和宗谱从来不记载住宅的兴建情况，而现今的居民又已经大多弄不清当年的生活方式，以致那些信息差不多失落殆尽了。从正统的所谓礼制来阐释民间住宅，不但千篇一律，失去千变万化的乡土特色，并且常常会完全不符合乡土社会的实际。而乡土建筑研究，最重要的恰恰是一乡一地的实际、一乡一地的特色。

俞源村现存民国初年以前的住宅大致有48幢，另有9幢已毁但基址清晰可辨，这57幢住宅构成了整个两千多人的村落。其中，7幢半大致可以断定为明代建筑，5幢建于民国年间，其余都是清代的。

这些古老住宅的主体绝大部分是内院式的，大致可以把它们分为大型、中型和小型三类。

大型住宅

大型住宅是集合住宅，虽然形制是单中心的，不过是小型住宅的放大。

大型住宅的中央主体有前后两院，又可以分为三种形制：第一种为三进两院，有门屋、大厅和堂楼，这是最大型也最完备的，如老裕后堂。第二种没有大厅，前、后院只用一片墙分隔，但第一进门屋中央是三间通畅的大门厅，如上、下两座万春堂。第三种则有大厅和堂楼，没有门屋而只有前墙，叫作"前厅后堂楼"，如六峰堂。这三种大型住宅都有两厢。堂楼和厢房是两层的，大厅为单层落地，高敞而豁亮。第一种的门屋是两层的，第二种的大门厅是单层的，不是有一个大厅，便是有一个大门厅，总之，它们都有一个宏大的厅堂。

全村原有大型住宅11幢，其中5幢已毁。上宅原有5幢，现存3幢，其中老裕后堂是第一种的唯一实例，另两幢为上、下万春堂，属第二种。上宅烧毁的有2幢，其一是明代俞大有的祖屋，所以俗称"进士楼"，万春堂的太公俞从岐便出生在这座大宅里。进士楼在民国年间失火，只剩下三间伙屋，便是现在上宅的香火堂。其二叫"思忠大厅"，早在咸丰年间烧掉。下宅只有一幢大型住宅六峰堂（声远堂），是前厅后堂楼。下宅临东溪的一小块地方叫下明堂，有一座大宅便是俞文焕先人造的，可能是明代遗物，前厅后堂楼式的。俞文焕的学生于敏中考中状元后送了老师一块匾，叫它"祐启堂"。前宅原有4幢大型住宅，3幢俞姓的，都已经毁掉。俞涞的弟弟敬三公造的一幢，在明景泰二年（1451）被银矿工人和农民暴动烧毁，现在在旧址上有一幢三开间加两厢的小屋，属德馨堂。另一幢是俞涞的大儿子善卫造的，作为女儿的嫁妆赠给了李彦兴，原来是前厅后堂楼，现在残存五间堂楼和六间厢房，有不少改动。前宅还有一幢俞姓的大宅造得很晚，是俞万荣的万花厅（1906—1912年造），前厅后堂楼，1942年被日本强盗烧成灰烬。前宅现存的唯一的一幢大型住宅是李姓的，可能在明代成化年间由李春芬、李春芳两位拔贡兄弟初建，乾隆年间经李嵩萃大修过。这也是一幢前厅后堂楼的大宅。前墙的随墙石库门上方有石匾刻"急公好义"四个字，是邑令题赠给李嵩萃的。

这11幢大型住宅中，三进两院的只有1幢，用砖墙分隔前后院的有2幢，7幢是前厅后堂楼式的，敬三公的那幢情况不明。除前宅李家的堂楼是五开间外，其余的都是七开间。

　　除了清代末年的万花厅外，它们都分别造在明代初年和清代初年俞源村的两个建设高潮时期。前宅的4幢中有3幢造于明朝初年，下宅的六峰堂后半部堂楼造于明末，大厅造于清初，上宅的都造于清代初年。俞源村由前宅向下宅再向上宅的发展过程很清楚。

　　俞源村现存的6幢半明代住宅里，有3幢半是大型住宅，可见大型住宅在明代是很重要的住宅类型。它们并不是供一个家庭居住的，而是供宗族的一个房份居住的，家庭的私密性很小。

　　以上所述是大型住宅的主体，它的四周有砖墙。墙外的左右和背后三面，各有一两列整齐的伙屋（又叫伙厢），面向中央。伙屋围着中央院落，像个套子，所以被称为"套屋"。中央院落是主人家族起居用的，伙屋则包括厨房、仓房等和男女佣工们的住屋。有些佃户和穷困的本家也可以借住在伙屋里，占了很大的一部分。伙屋一般比较简陋，常用夯土墙。但有些大型住宅占用几间伙屋或在伙屋外另建自成小院的书房、小客厅、

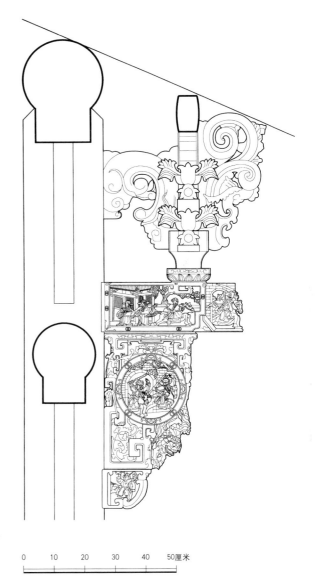

0　10　20　30　40　50厘米

住宅牛腿

宾舍等，装修很精致。因此一幢完整的大型住宅规模很大，如上宅的裕后堂，共有158间房间之多。三幢大型住宅便占了上宅一多半面积，所以俞源村人口不少而住宅总数却不多。起造这样大的住宅，一是因为明代和清代初年俞源村一些经商人家有很强的经济实力和社会地位；二是可能在如烈火烹油、鲜花着锦的旺发时期，这些人有一种虚夸的心理冲动；第三，大约当时纯农业社会的传统还很强，作为家族单元的房份的内聚力还相当大。总之，读书人以牌坊、旗杆、金匾炫耀他们的科第成就，而商人则以华丽的豪宅炫耀他们经营的成就。清代中后期不再造大型住宅，或许是长期经商以后，宗法制度力量渐渐有所削弱，家族单元分得比较小了的缘故。

这些大型住宅的中央主体院落很大，如裕后堂后进有房共13间，前进10间，大厅左右还各有1间，一共25间，六峰堂有19间，它们当然由各个小家庭分住。年代稍久，一幢大宅可能有三四代家庭。析炊之后，伙屋要足够地大。大型住宅里的生活，具有父权家长制的强烈色彩。大厅、堂楼里的轩间（正房明间）、香火堂、檐廊、院子等都是公共财产。轩间里大家共同祭祀房派或支派历代的先祖。大厅是公用的礼仪空间，住在大宅里的人，都可用它举办红白喜事。举丧的时候，在大厅停枢七天，宅里的族人们家家都去上香礼拜。不住在大宅里的同一房份的人，也可以来使用大厅。宗法制的亲情维持着宗族的安定团结和秩序。但是住宅的平面布置很简单，如同小住宅的放大，各个核心家庭没有自己独立的、功能比较齐全的、舒适的内聚性空间。所有的房间在檐廊里开门窗，直接面向院子，在这种环境里，家庭生活没有私密性可言，声欬举动都在别人耳目之下。妇女不避人，也不可能避人。理学家们设计的种种妇女生活规范在这些大型住宅里根本不可能做到。在父权家长制很强的时代，这种生活方式或许可以习以为常，但一旦家长制的力量有所削弱，则这种生活方式便被抛弃，于是，从清代中期起中型住宅便成了主要的住宅类型。

大型住宅的代表是乾隆晚期建造的上宅的裕后堂，俞林模建。它的主体是三进两院，后院是标准的七正六厢楼房，楼梯在厢房前端而不在正房两端。门屋七开间，中央三间连通为通高的门厅。第二进落地大厅也是三开间，它们的两侧各有七间厢房，前后贯通联排，前檐廊直对前面的旁门。门屋的梢间和末间的开间随厢房的间架。门厅有一道樘门，六扇。前院两厢正中一间为小厅。主体背后和左右各有12间成排的伙屋，还夹一间楼梯弄。背后的12间伙屋现在已经残破并经改建，面目全非。主体和伙屋组成整齐的长方形，四角外侧挖水塘防灾，除了左右侧和背后整齐的伙屋之外，周边还有些零散的、独立的附属房屋，如仓房、下房、牲畜房、禽舍、作坊等，也统称伙屋。所以，裕后堂总共有房屋158间，现在还剩120间左右，是俞源最大的住宅。

裕后堂门前种一对枫树，清末已经粗到双人合抱。它们生长旺盛，被认为是风水树，小巷得名为双枫巷。

它的第二进大厅是建筑艺术的重点。大木结构很华丽。五架梁、三架梁和廊子的双步梁都用月梁（当地叫眠梁）。梁以上，檩条之间有环状的"猫梁"，动态很强，极富装饰性。前檐枋底面贴一块雕花板，分别雕着百鱼、百鸟、百兽。前后檐都有牛腿，牛腿之上还有一串雕饰精巧的"叠斗"，大多呈卷草花叶形，承托着挑檐檩。前檐中柱的两个牛腿雕的是爬狮，不久前被偷走了。现存转角处一对牛腿雕成鹿（谐音"禄"）。前院的两厢和门屋面向前院的前檐也都有牛腿、叠斗和"呈方"（类似雀替）。后院堂楼比较朴素，只有底层的呈方。不过檐廊也用月梁，七间正屋前的檐廊，从一端的侧门前望去，一层层月梁柔和的曲线形成深远的层次构图。

大厅前檐完全敞开。明间后金柱间设六扇樘门，增加住宅的私密性，平日不开，从两侧的耳门转过到后院去。次间后檐用空斗墙封砌，墙壁正中有一个直径一米半的圆窗，用曲尺形棂子组成花格，点缀些雕花小饰件（叫结子）加强刚度。圆心处是一个直径30厘米的圆形开光华板，朝后院的一面，用草龙分别组成"福""禄"二字，左侧的为"福"，右侧的为"禄"。朝厅内的一面，则各雕两个武士角斗的场面。

裕后堂正立面的形式比较丰富。主体的两厢和伙屋前端的山墙（当地名"碰头"），都是三叠马头墙（即五山），左右各两个，遥相对峙，轮廓起伏跌宕，很生动。中央的正门高大，在边梃和过梁的外侧还砌一圈大石。两个通厢房前檐廊的旁门小得多，门上有雕花砖檐。伙屋的门更简单些，主次很清楚。墙面全是细砖磨平精砌的，砖缝如线，横平竖直，不但反衬出砖雕的富丽，而且本身有一种工艺的美。

中型住宅

中型住宅，指正屋为七开间或五开间的三合院和四合院，全村现存30幢，已毁而能辨识遗址的4幢，共计34幢，占俞源村住宅的绝大多数，大约69%。其中四合院只有两幢，一幢在前宅北缘，五开间，面临东溪，是前店后宅，建于民国年间，即药店；另一幢在上宅，叫下裕后堂，为方便与上裕后堂分开，习惯上以宅门头上的题字称它为"玉润珠辉"宅，建于嘉庆年间，正房七开间，下屋进深很浅，只有三间，两侧各两间的位置依厢房的间架。五开间的三合院最多，计20幢。正屋七间的三合院叫"大排七"，厢房有左右各三间和各两间的两种。正屋五间的，叫"大排五"，则厢房只有左右各两间。天井院前的门墙叫照墙。正屋和厢房都是两层，楼梯大多在正屋的两端，或者占半间，或者有专门的楼梯弄。少数楼梯在厢房，多有楼梯弄，在里端或前端。正屋和厢房都有前廊。下宅有两幢叫"廿字楼"的三合院，即通面阔七开间的正屋，中央三间之外，两侧两间的位置按厢房的间架，厢房的前檐廊向正屋内部延长，使三间正屋的两侧各有一道夹弄。平面上看，夹弄和前廊形成一个"廿"字。下宅徐节妇（俞圣猷之妻）的住宅"声远堂"，便是一座"廿字楼"，大约是嘉庆初年造的。

七开间三合院，厢房的前檐柱和正屋的中左二、中右二两榀屋架对齐，所以院子的宽度相当于正屋三个开间，将近10米，进深则相当于厢房的三个或两个开间，也将近10米，院子比较宽敞。五开间三

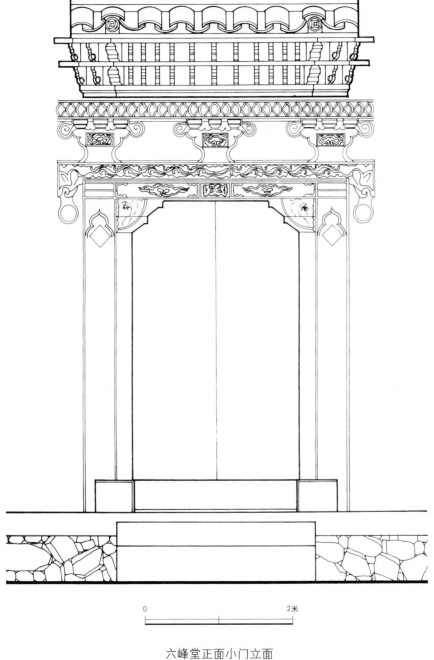

0   2米

六峰堂正面小门立面

合院的院子，宽度相当于正屋的两间，即厢房前檐柱对着正屋次间的中央。

这种中型的三合院住宅，包括"廿字楼"，流行于武义、东阳、永康一带，它们与浙西、皖南、赣北的民居相比较，最大区别就是正屋开间多，院落开阔，空间舒畅，房间里比较亮堂。院子里用大石条搭两条花台，春兰秋菊，四季香气袭人。到了盛夏，院子里搭竹篷遮阳，竹篷从正屋底层的前檐柱顶挑出，柱头上有一个小小的带槽的木构件，承托竹篷的内沿，楼上伸出钩子吊住竹篷的外沿。

中型住宅也有伙屋，除了四合院"玉润珠辉"等少数几个外，大多布局不如大型住宅那么整齐，而且多用夯土墙。不过仍然有些中型住宅在伙屋有比较精致的小厅和书房，如上宅的"九道门"（精深堂）、下宅徐节妇的声远堂。

正屋的明间完全向院落敞开，叫作"轩间"。明代的住宅，如六峰堂后进和前宅的俞氏老祖屋，轩间两侧壁是磨砖的墙，后来的住宅则改用木板壁。轩间太师壁前奉香火，这是南方民居的一般做法。但有许多住宅在楼上的轩间另设香火堂，靠后壁奉高祖、曾祖、祖、祢的神牌，朔望进香烛和米饭一碗，并焚黄表纸。为防火，在神位左侧砌砖炉一座，供焚化之用。香火堂前檐窗前，又有供桌一张，是祭天地用的，朔望也进香烛、供米饭。现在俞文清先生家（下宅逸安堂之一）楼上香火堂后壁神位上贴着一大幅黄纸，写的是：

<blockquote>
万　寿　无　疆

金炉不断千岁火
时时招财童子

本家咸奉长生香火之神

日日进宝郎君

玉盏长明万载灯
</blockquote>

有些住宅把楼上轩间扩大为三开间，叫作"楼上厅"。全村现有楼上厅七个，三个在大型住宅里（上宅俞大有老祖宅的残存偏屋、下宅六峰堂、下明堂的祐启堂），四个在中型住宅里（前宅李氏"爽气东来"宅、作为董氏香火堂的"冷屋"、十家头的后朱书屋和前宅俞氏老祖屋）。村里人说，除了"爽气东来"宅外，有楼上厅的房子都建于明代。楼上厅的梁架用材比较好，并且都有些雕饰，而一般住宅的楼上都只用粗陋的草架。浙江、皖南、赣北都有一种传说，便是明代住宅以楼上为主要居住部分，到清代才改为以楼下为主要居住部分，俞源村的楼上厅很可能支持了这种说法。

关于楼上、楼下的主次，俞源村村民又有一个传说。元代，蒙古人为了统治南方人民，每家都派驻一名蒙古兵，百姓叫他们"鞑子"。这名鞑子兵为了便于管理，每晚把百姓赶上楼去住，他自己守在楼下。因此百姓养成了以楼上为主要居住部分的习惯，把楼上造得比楼下漂亮，层高也超过楼下的。明代把这习惯沿袭下来。但毕竟楼上居住不便，而且冬季酷寒，夏季燠热，于是到清代又渐渐改回以楼下为主要的居住部分了。这则传说和兰溪市诸葛村村民把堂屋的半截门叫作"鞑子门"相似。传说未必可信，但说明农民也会用建筑来表达爱憎。

中型住宅前面一般有三个门，一个门是正门，在中央，进门是天井，另两个是旁门，对着厢房的檐廊。门外大多有个前院，宽与住宅相等，深只有四米上下，是个狭长的前导空间。院门在它的一端，有做八字门的，也有砖券门，上镶石匾，刻"紫气东来""南极星辉"等吉祥辞。

中型住宅的规模比大型的小得多，七正六厢的不过13间（在金华府地区叫"十三间头"，作为三合院的代表），五正四厢的只有9间。在早期，中型住宅的居住条件显然比大型的好。但清代中叶以后，住宅建设的速度远远不及人口增加的速度，中型住宅也由几个共祖异炊的核心家庭合住了，居住的质量大大下降。上宅东头，俞新聚在道光十年（1830）建了一幢五正四厢三合院，六个儿子长大后，道光二十年

俞氏宗祠（李玉祥 摄）

（1840），他在旧宅西北又建了一幢五正四厢三合院，分给儿子们。分
的方式竟仿照祠堂里的昭穆次序：老大得大手位（即左侧）的两间厢
房，老二得下手位（即右侧）的两间厢房，老三、老五分别得正屋大手
位的次间和梢间，下手位的次间和梢间则由老四、老六分得。这种分配
的方式很少见，一般人家，儿子长大成家后阄分旧宅，父母亲则住到精
致的小别院里退养。

　　中型住宅是俞源村住宅的基本模式，以前宅为多，共有16幢，占全
数的将近一半。其中李姓有7幢，可见清代以后俞姓发展的重点从前宅
转到下宅和上宅，而李姓的建设仍然很兴盛。

　　现存中型住宅大都是清代和民国年间造的，明代的只有两幢，都在
前宅。一幢是俞氏老祖屋，五正两厢，可能是在明代初年俞善护建造的
一幢大宅的废墟上建的。还有一幢便是"冷屋"培德堂，五正四厢，也
建于明初。

声远堂天井（李玉祥 摄）

　　中型住宅里最精致的是道光二十五年（1845）左右俞新芝造的上宅的"九道门"。它坐北朝南，七正六厢，是典型的"十三间头"。正屋后面有伙屋，也是七正两厢，间隔一道狭长的天井。左右没有伙屋，但右前方有雅洁的书房且带小院，三间两层。它大门外有一条狭长的前院，前院的东端是八字院门，西端是书房小院的门。前院的南墙被叫作"回音壁"，有明显的回音。壁以南是个六百多平方米的大花园，园面临东溪，园西有一座两层的赏花厅，面阔三开间加一个楼梯弄，全用花厅做法，即前檐和室内隔断都用细巧的槅扇。出前院西南角的门，小巷子曲曲折折在书房与赏花厅之间穿过，再向西经三次曲折到东溪岸边，那里有一座门屋，现在已经倒塌。从门屋到前院西南角门，一重又一重，共有七道大门，都是既有闸板，又有横杠、竖杠和顶杠。第二道和第三道门之间有门屋，屋内地面作翻板，板下设深坑陷阱。不过奇怪的是前院的东门只有一道，坚固程度远不能和这边

声远堂内景（李玉祥 摄）

的七道门匹配。

　　这座住宅的构造做法也很讲究。除了石柱础之外，所有板壁隔断之下都设石质地栿，叫作"木不落地"。院落不铺卵石，全用条石满墁，正中一块"井心石"，向外一圈一圈作"口"字形排列，四角以各切45度对接，形成了院落除井心石外通缝的对角线，富有几何美。传说这院落的石板地是两层的，即下面还有一个石板铺的垫层，所以至今一百五十多年，仍然平整如新。

　　它的正屋和两厢的木作雕饰都十分华丽。叠斗（牛腿和它上面的挑檐构件）和呈方（相当于雀替的垫木）的雕刻属于全村最精细者之列，而且没有像清末民初的那样烦琐。门窗槅扇的雕刻也是精中之精，正屋楼上的窗子为雕花格子窗，是全村唯一的。

　　楼上轩厅现存大匾一块，题"贡元"二字，"钦命经筵讲官上书房行走礼部左侍郎提督浙江全省学政汪廷珍为廪贡生俞志俊立"，日期为"嘉庆丙子年（1816）仲秋月吉旦"。俞志俊是参与道光二十年（1840）纂修《宣平县志》的四位俞源人之一。

小型住宅

小型住宅，正屋三开间，有的有左右各一间厢房，有的没有。也是两层。小型住宅不但矮小，用材也比较差，装饰几乎没有。它们一共有12幢，10幢在前宅，8幢属俞姓，2幢属李姓。其余两幢，一在下宅，一在十家头。上宅没有小型住宅。根据小型住宅的分布情况，并且考虑到上宅大型住宅的伙屋里住着一些雇工、佃户，可见俞姓族人内部的社会分化大而李姓的小，这或许与李嵩萃一次造了几幢中型住宅，形成了"陇西旧家"的社区有关系。

前宅的小型住宅里有两幢很古老，一幢相传是敬一公俞涞造的，便是前宅俞氏德馨堂的香火堂，通称"老祖屋"。俞涞于元代末年去世，所以村人传说老祖屋是元代建筑。又因为俞源村名最早见于俞涞孙子道坚的诗文中，所以又说先有祖屋，后有俞源。另一种说法是，祖屋本是俞涞三子俞善护在明代初年造的一幢大宅的一部分。还有一幢很古老的小型住宅是现在房主俞登的太公在明代末年造的，三开间，左右各一间厢房，没有檐廊，厢房和正尾对接，底层高只有2.43米，楼层以楼板为准檐口，高只有2.0米，正脊高3.1米，非常矮小。

装饰与装修

俞源村的建筑装饰，大致有木雕、石雕、砖雕和彩画几种。石雕和砖雕不很多，一般比较简单，工匠师傅来自温州泰顺。木雕大多是东阳师傅做的，也有泰顺师傅做的，很精致华丽。富有彩画则是一个比较重要的特点，大多由漆匠绘制，也有专业的画匠。可惜因为不容易保存，彩画现在多已经剥落褪蚀，残损得很厉害了。

大木作雕饰

除了牛腿、叠斗、呈方普遍应用在宗祠、庙宇和住宅中并高度装饰化之外，大木作的装饰，主要在宗祠、庙宇的厅堂里和大型住宅的大厅、门厅里，那里的梁架全部都是露明的。

梁架的基本承重构件，如梁、檩，装饰比较简洁，保持着粗壮的功能本色。辅助性的构件，如梁托、扶脊、替木、呈方、斗栱则装饰化程度很高，雕镂细密，大幅度地变形。有一些在结构中已经失去了功能，整个成了装饰品，如扶脊。有一些则在身上夸张地衍生出纯装饰性的部件，如檐柱上呈方的帽翅。这些装饰精致的辅助性构件与粗壮的基本构件形成对比，衬托出了梁架的结构逻辑，并且造成了疏密、张弛的节奏变化。

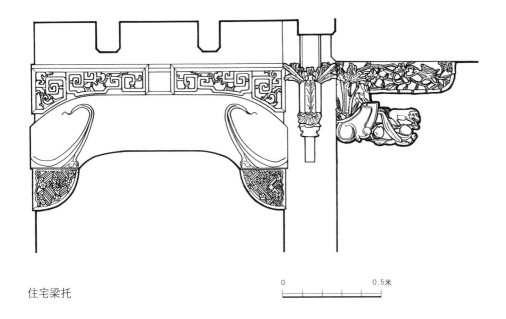

住宅梁托

0　　　　　　　0.5米

　　有两种次要的基本结构构件却非常地装饰化，几乎成了纯雕刻品。
一种是梁的上方，在檩子之间的空隙里用来稳定檩下叠斗的"猫梁"，
一种是檐柱上承托挑檐檩的牛腿和叠斗。牛腿和叠斗是因为正对着前
面，处在最便于观赏，因此装饰能达到最大效果的位置。"猫梁"则因
为它们毕竟不是最重要的受力构件。

　　厅堂和大厅里的五架梁和三架梁以及檐廊里的双步梁，都用月
梁，当地叫眠梁。它向上微微呈弧形，使人看到它轻松地承受了弯矩
的负荷。月梁的两端圆润，刻着流畅的三角曲线凹槽，这曲线槽仿佛
是月梁上缘轮廓的回弯，向里又向上一挑，使月梁两端显得十分饱满
而有弹性，乡人们很形象地把它叫作"鱼鳃"。明末清初的建筑，鱼
鳃比较简单，三角曲线凹槽刻得短而浅。到清代晚年和民国时期，三
角曲线凹槽深而且多了变化，通常是双槽，尖端上添几道有弹性的鹤
项形曲线，有的真刻一个小小的鹤头，伸出长喙，还有的点缀些卷草
浮雕。住宅堂屋前檐柱间的枋子，当地叫骑门梁，早期也做成微微弧
形的月梁，两端有鱼鳃，中央浅浅地刻一个圆形的"寿"字，左右飞

翔着一对蝙蝠。门屋朝院落一面的骑门梁的中央常刻"双凤朝阳"。[①]
到了晚期，骑门梁基本平直，只在下缘的两端稍稍挖一点弧形。鱼鳃
变成了方棱方角的卷草图案，中央有个"盒子"，雕刻得很深，题材有
戏曲场景、历史故事，或者只有一对鲤鱼嬉戏。这盒子已经失去了与
作为结构构件的骑门梁的一致性，有很大程度的独立性，破坏了结构
逻辑。次间檐枋是平直的，底面钉一块长长的雕花板，雕的大多是百
鱼、百兽、百鸟之类。

猫梁是一种半环形构件，趋中的一头高而宽，另一头低而细，轮廓
很有弹性。前后坡各有一串四五个猫梁，首尾衔接，向中又向上，动态
很强，反衬平实稳定的梁架，活泼而生动。

牛腿和它上面的叠斗是用来承托挑檐檩的，有明确的结构功能，
但外形却完全装饰化了。三开间的宗祠厅堂和住宅大厅，两个中榀檐柱
上的牛腿雕成鬣毛蓬松的狮子，边榀的雕成鹿。都以头向下，为的是回
应从下向上观赏的人。中型住宅的牛腿和大型住宅前院两厢的牛腿大多
在两个侧面刻尺度不大的、很细致的故事人物，有亭台楼阁、桥塔、园
林作背景，透视有深度。它上面的叠斗向两侧很夸张地飞出帽翅式的装
饰部件，大多作卷草。牛腿、叠斗和柱子左右同样夸张的呈方组合在一
起，非常华丽。呈方的作用类似雀替而形状极为复杂，面上通常也雕故
事人物和透视的亭台楼阁、桥塔、园林等。人物以八仙、渔、樵、耕、
读与和合二仙为最常见。雕花卉虫鱼的也不少。越到晚期越繁复，雕得
越深，越脱离所在构件的形式和作用而成了独立的艺术品。

裕后堂、六峰堂（声远堂）这样的大型住宅，前院有牛腿、叠斗，
后院没有，朴素得多。这大概和大厅、前院具有公共性功能，而后院和
堂楼则纯是内部的居住部分有关。另有一种说法是，牛腿和叠斗是乾隆
年间才有的，以前没有。这可以说明裕后堂、六峰堂的后院建造年代比
较早。

---

① "双凤朝阳"比"福寿双全"题材高档一些，但刻在这个比较低档的位置，不知是为
  什么用意。在江西婺源，有些大宗祠也把"双凤朝阳"刻在这个位置。

花窗木雕（李玉祥 摄）

所有的大木构件都为木料本色，不加油漆，很素雅。

小木作装修

俞源村现存槅扇门不多，小木装修主要看窗子。

一所住宅中，窗子的装饰性做法分等分级，主次清晰。正屋明间全敞，次间的窗子规格最高，两厢其次，正屋梢间又次，末间最简单。有的大宅，厢房的窗子也依上下次序有区别，主次的区别一在构图的繁简，一在题材的高下。正屋次间和两厢的窗子都在最经常观赏也最明亮的位置，装饰也最见效果。正屋梢间和末间不但在使用上等级低，而且逐步退入正屋与厢房之间的夹弄中去，光线也很幽暗。窗饰的分等，既遵循艺术法则，也遵循社会秩序。

窗子的采光部分分上下两屉。上屉面积大，用横平竖直的细棂分割成图案，在格子中设置卡子（或称结子），都是雕花的，有蝙蝠、"福""寿"字、花草之类。高级的窗子，卡子用蝙蝠；低级的则用花草。也有同一扇窗子中的卡子还分级别的：位于中线上的用蝙蝠；两侧的用花草。高级的窗子，上屉中央有一块花板，雕刻故事人物、戏剧场景。俞源多见而别处却比较少见的是上屉只用横棂或水波棂作水平划分，没有中央花板，每格间距大约12厘米，设卡子两个或三个，左右错开。这种只作横格的上屉多用于次级窗子，在正屋次间则没有见到。

下屉是一幅横长方形。它的位置正在窗外采坐姿的人的眼睛高度。廊檐下本是最重要的日常生活空间，甚至一般的亲朋来访也在这里接待，功能类似起居室或客厅，所以，下屉的图案远比上屉的复杂，题材也完全不同。一来为了避免外人看进室内，二来也是为了便于细细观赏。这部分的构图，最常见的是中央一块花板，或方或圆，深雕故事人物情节，如三结义、古城会、高山流水、岳母刺字、二十四孝之类，多是宣扬忠孝节义。正屋的梢间和末间的窗子，有些就没有花板。花板左右，高级的为一对游龙，次级的是柿蒂或万字图案。游龙也分两类，正

花窗与槅扇门木雕装饰（李玉祥 摄）

屋次间的，龙身多用曲线，屈伸有弹性，十分夭矫生动，雕工细节多，很华丽。两厢的，龙身多用方形折线的拐子龙，呆板多了。也有一些住宅，如裕后堂的窗子，下屉不设花板，在中央雕一只口衔古钱的大蝙蝠，形态流畅而有变化，与两侧游龙相互呼应配合，整幅构图更比有花板的统一，是艺术性很高的杰作。少数厢房的窗子上，只雕一条游龙，昂首奋进，动感很强。中央没有开光花板的，似乎大都年代较早，在乾隆末年之前。

　　俞源村住宅的小木装修多用龙作题材（六峰堂照壁石条地栿上也雕龙），显然不合制度，可能与沉香救母斗败龙王的神话有关。"九道门"宅很别致，装饰题材多用瓜果蔬菜，一派农家趣味。

裕后堂圆窗木雕（李玉祥　摄）

　　窗子的上屉和下屉，为了采光，都用白高丽纸裱糊，后面还有一层木板，可以在上、下槽内左右滑动。冬季晚上可以关闭，平日很少使用。

　　有些住宅，在窗子的左右侧，还各有一长条竖向的雕花木板。有上下分为三幅的，也有上下一整幅的，题材多是花卉、木石、鱼虫，少数是山水风景，布局比较稀疏，雕得比较薄。厢房设这种花板的极少见，正屋梢间倒有，不过构图比次间的简单。浮雕很精细，有几幅雕着蜘蛛结网，极其逼真，仿佛蝴蝶、蜻蜓一碰上去便能粘住；蜘蛛头向下，吊在一根蛛丝上，蜘蛛又叫"喜子"，寓意是"喜到（倒）了"。

中型住宅"玉润珠辉"四合院，倒座的西次间还保存着通间的六扇槅扇，它和裕后堂大厅次间后檐墙上直径1.5米的圆窗以及六峰堂同一位置的槅扇窗，都是小木作的精品。

小木作和大木作一样，它们的装饰雕刻都是木材本色的，不加油漆。

砖石雕

石雕很少，主要用在柱础上，其次是旗杆石和大宗祠的抱鼓石。天井出水口的石箅子是镂空花的，四周的沟里也有几块小小的雕花石板卡住，是在庆典的时候承架木板以盖住水沟用的，架木板为的是防人多事杂会有人不慎踏空把脚落在沟里受伤。

雕刻的柱础用在大型住宅的大厅里和宗祠、庙宇的厅堂里，都很简洁，但也分等级。中榀两棵前檐柱的柱础最重要，鼓形的，只在上沿刻一圈卷草形花边。础下有一块覆盆式石礩。中央四棵金柱的重要性次之，柱础也是鼓形，上、下沿刻鼓钉一圈，下面也有石礩。其余各柱也有礩，鼓形柱础上、下沿只刻一道线。

住宅的柱础，明末和清初建造的为花盆形，即上部大约1/4的高度的轮廓为凹圆形，而下部为凸圆形。稍晚一些都改为鼓形，起初最大直径在正中，后来改到偏上，最大直径上移后艺术造型更丰富一些。

最华丽的一块石雕是井心石，即少数人家天井正中的一块方形石板，上面通常作高浮雕的动物和花卉。天井以中央为最低，井心石上有剔透孔洞，雨水从孔洞漏入地下暗沟，与天井四周明沟下的暗沟相汇合，曲折流出户外。这块井心石要在整幢房子造好之后，才请德高望重的族中老辈来主持安放。

砖雕比石雕稍多，主要位置在住宅正面的旁门上，形成眉檐。眉檐通常有两排砖牙子，仿木构的椽头。上面有一皮挑砖，它两端各有一只鳌鱼，正中则有一只花盆，都是很精致的砖雕。六峰堂的旁门，在眉檐下彩绘斗栱和饰带。

六峰堂正面内侧的照墙正中，用砖贴砌了一座三开间的牌坊立面，把宅门框在牌坊明间里，门上匾额写着"丕振家声"。它完全是仿木结构，有柱，有梁，有枋，还有斗栱、呈方、椽头，柱子上甚至用浅浮雕仿彩画的箍头卡子。墙体下部勒脚装饰着几条水平的砖雕带。整个做工很严整。这种贴砖牌坊式门头在俞源不是很多，只有"南极星辉"宅等几个。

用贴砖做仿木牌坊，多在乾隆末年以前，以后便多用彩画在粉墙上画出牌坊。

彩画和法书

丰富的彩画是武义、宣平乡土建筑的一个特色。彩画集中在住宅照墙向院落的一面，墙面以白粉为底。

简单一点的，彩画只在照墙上缘砖檐之下形成一个装饰带，分成若干段落，每段一幅画，题材很广泛，有花卉，有鱼鸟，也有故事人物场景。俞源多书法家，所以常有只写诗文的。精深楼大门前夹道影壁上有长达20米的各种字体的法书。上万春堂的照壁，正门门洞上的"家声丕振"四个大字和两侧墙上的两篇短文，出自光绪十一年（1885）拔贡俞锦云之子，他的书法名震一时。这面照壁彩画的构图已经趋向建筑化，在照墙的上部画垂莲柱、雀替等分划画幅，形同挂落。

比较复杂的，是在照墙上画三开间木牌坊，柱梁、斗栱一应俱全。这是乾隆年以后用来取代以前贴砖的仿木牌坊的。因为彩绘远比贴砖自由，所以更重装饰性，不像砖的那样严谨逼真。而且细节也多，柱子上端披锦袱、挂玉璧，枋子上开盒子画故事人物，如姜太公渭滨垂钓、刘晨阮肇入天台、烂柯山观棋等。一切仿木构件上都有图案花纹，不留空白。柱梁、斗栱基本的结构构件用黑色，小幅的画多用彩色，所以整体控制得脉络分明，构图稳定，不致杂乱。绘画的风格介于写意画和工笔画之间，一方面能和木结构的逻辑大体协调，一方面又有点自由活泼，不致呆板。

彩画不耐久，日晒雨淋，大多剥落蚀褪，当年的辉煌已经见不到了。不过墙头檐下的彩画还有保留得比较完整的，据乡民说，当年都用鸡蛋清罩过一遍，能防水。

大小木作用本色，而在白粉墙上作鲜艳的彩画，色彩的运用很精致。

地面

早期俞源的住宅和巷子，用细卵石铺地，很有装饰性，常组成简单的图案，以古钱纹为多。卵石铺地所形成的纹理表质，粗中有细，刚中有柔，尤其在雨后，一颗颗石子圆润光泽，色彩缤纷，非常美观。清代初年的几幢大型住宅，卵石天井到现在已有三百年左右，依然整齐如新，工艺的精细十分惊人。传说当年挑选石子，要滚过两只竹筒，太大的、太小的都去掉，剩下来的大小几乎一律。嘉庆十年（1805）俞立酬在上宅造住宅的时候，到俞川河滩上选石子，一个人一天只选得了五斤，一直选到十五里以外的乌溪桥。

卵石天井和卵石路面的一大优点是不存渍水，雨水能很快从石子缝隙渗下去。乡人们说，这种地面"通地气"，对人的身体健康很有益。有些住宅，院门的台明上也满铺卵石。南方潮湿温暖，卵石地面的缝隙里会生一层苔藓，绿色中带一点紫色，茸茸的，还能泛出光泽，极柔和。

大概是因为用卵石铺地工艺要求太高，所以清代中叶以后渐渐被石板地取代。

后记

终于要走了。天还是下着蒙蒙细雨。

俞氏大宗祠前，簇拥着男女老少新结识的朋友们。告别是不容易的。向他们一个一个地道谢，耳朵里轰轰响着一片"再来，再来"的喊声。抬头望望他们，一张张被太阳晒黑了被风吹糙了的脸上，流露着那么深沉的真诚。车子缓缓开动了，二十多天来一直陪着我们工作的三位老人家，跟在车子后面大步追着。跑在最前面的是77岁的耀宗先生，矮矮胖胖的身子，摇摇晃晃，脚下高高踢起泥浆水，哗哗飞溅。我们从车窗探出大半个身子，满嗓子喊"别跑了，别跑了"，他不顾，仍然竭力地跑。双眼紧盯着我们，眼珠子通红通红的。车子向右转了个弯，见不到朋友们了，我们的眼珠子也都红了。

十年以来，我们一次又一次地经历过这样的告别。半个世纪的疾风骤雨，丝毫没有改变农民那种天生的厚道、淳朴和热情。但是，当我们深深沉醉在他们宽阔怀抱中的时候，我们也分明地感觉到，他们的情谊中有一种祈愿，一种诉求，一种对命运的怨望。我们总忘不了在每次研究报告的"后记"里写下对村子里父老乡亲的感谢，这是出自心底的话，但这显然不是他们所期望的。我们怀着对父老乡亲的真挚感情，力求把工作做得好一些，但这也显然不能满足他们的祈求。我们不得不时时刻刻提醒自己，我们是研究乡土建筑的，这才是我们的专业，不要多管闲事；我们不得不安慰自己，说我们的学术工作的意义很崇高，我们已经无愧于祖宗和子孙。但我们知道，我们心里在逃避着什么，在遮掩着什么。我们的生活简单朴素，我们不怕艰难困苦，我们跟农民一见面就成朋友，但我们都不得不小心翼翼地躲开他们的某种眼光。我们的心受着煎熬。

有一种期望，我们好像可以比较从容地面对，那就是一个最普遍遇到的问题：古老的村子和古老的房屋真的能使村民们摆脱近乎无望的贫穷吗？因为近几年旅游业闹得红红火火，已经有几个古村落向游人开放，经济收入很可观，村民们不但多有耳闻，甚至有人去做过调查，他们热切地企盼我们能帮助他们也把古建筑变成摇钱树。我们坐在住家的廊檐下、村口的桥头上、商店的柜台前，跟他们细细商量。有几次，几位退休的老区长、老武装部长，夜里摸黑到洞主庙找我们，问我们到底心里对村子怎么评价，对它的开发前景有怎样的估计，要我们进一句真话。于是，除了细数村落的历史、文化价值，我们又不得不坦率地说出许多困难来，在当前条件下，古老村子能不能开发旅游，并不完全决定于它们的历史、文化和建筑价值，还要有许多其他条件。而且，以古老的村落为旅游资源，首先必须把它们认真地当作文化资源，在开发之前，先科学地保护它们。但保护一个古老的村落，会牵涉到很多很复杂的问题：要有正确的观念，要有完善的体制，要有特殊的政策，要有专项的经费，要对村民生活的现代化做出妥善的安排，要给村子经济的发展留下充分的余地，要有便利的交通和服务设施，如此等等。在到俞源村之前，我们帮浙江省诸葛村和江西省流坑村做过保护规划。我们自己知道，那两个规划都没有解决长远维持和增强村子的生命力问题。好在短期内矛盾还不至于十分尖锐，我们还可以有几年时间静观待变。这就是说，我们应该继续对那两个村子密切注意观察，以便分阶段修订和调整保护规划。但是，交出了规划，我们便断了和村子的关系，而且，一旦旅游业强有力地介入并干扰了村子的保护，那么，任何规划都会变成废物。这种干扰在当前几乎是不可避免的。急功近利，这是整个社会的

住宅堂屋雀替

现状，旅游业目前仿佛只为获利而存在。旅游业是大大赚钱的，而保护古村是要大大花钱的，搞旅游的人因此腰板就比搞文化的硬，说起话来中气更足得多。于是，就难免发生为了眼前的旅游效益而破坏了古村落的真实性和完整性的事。面对着迫切要求摆脱贫困的穷怕了的村民，我们心里火急火燎。我们是书呆子吗？我们对村民的困苦漠然以对无动于衷吗？我们的眼光真的那么长远，我们的思想真的那么全面吗？

于是，一种比较容易面对的村民的期望，也变得困难起来了，何况还有许多更难面对的问题。

我们在俞源村的工作，得到武义县博物馆涂志刚馆长的有力支持。他给我们做好了很切实的安排，隔两三天就挤破破烂烂的公共汽车来看我们一趟。涂志刚是一位很敬业、很称职的博物馆长。他精通文物业务，从考古发掘到鉴定古建筑年代，说来头头是道。他带我们到城里、镇里、村里参观，在乱麻似的巷子里钻来钻去，毫不犹豫便能找到一幢

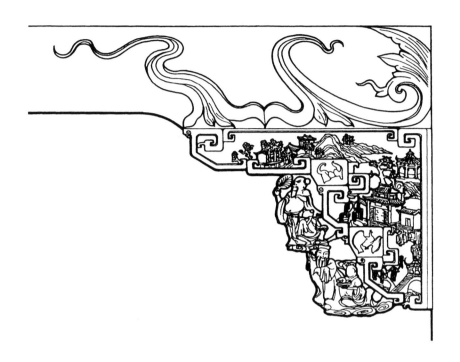

古建筑，熟悉得就像在自己卧室里找一件外套一样，说起这幢古建筑的年代和特点，又像数他外套上的纽扣，而且充满了感情。说来奇怪，他原来竟是在军队的大学里学习最可怕的毁灭性兵器的。

在村子里全面照料我们的生活和工作的是俞耀宗先生。这是一位经历了许多坎坷却十分乐观的人。他曾经当过中小学教师，五十年前的学生至今还记得，全校的教师都穿长袍，独有他西装革履。他生性活泼，自己带过戏班子，在四乡游动演出，很有名气。20世纪中叶土地改革之后走了背运，甚至受过牢狱之灾。现在一个人住在洞主庙里，担任类似管理员的角色，用老话说大概相当于"庙祝"，还负责讲解神签和圆梦，每次可以收一块钱，七毛归旅游局，三毛归他。村里人爱跟他开玩笑，叫他"洞主老爷"。1998年春节，他还带领着本村的龙灯，走了四十多里路到县城去热闹了一番。

俞步升先生带着我们一户挨一户地做调查，而且反复了不止一次，虽然承认很累，却总是笑眯眯的。《俞氏宗谱》《李氏宗谱》《宣平县志》都是他给我们去找来。他本来是林业局的干部，退休之后，热心于研究本村的历史，近几年来，写过长长短短各种文章，还搜集了五十多则传说故事。所有这些资料都用漂亮的小楷抄得整整齐齐，订成好几本，供我们任意使用。而我们确实引用了不少，构成了我们这篇研究报告的特色。有好几次，为了解决我们提出的问题，他来回跑几十里路，到外村去找了解情况的人一起讨论。他闲话很少，却常常一大早就到洞主庙来，悄悄给我们打扫厕所，他嫌别人扫不干净。

俞文清先生早年曾经扛枪跨过鸭绿江，后来长期在外地当法官，退休回乡，自己对本村的历史不很熟悉，便帮我们找来他八十多岁的叔叔，讲了许多难得的情况。他去年知道我们打算今年来工作，特意替我们拍摄了一套今年正月十三擎台阁的照片，给我们保留了一盏龙头灯。电台一广播天要变凉，风要变硬，他就赶紧给我们送来新买的毛毯。

村长是耀宗先生的后台，也为我们忙前忙后，帮我们找各种民间工艺匠人和各种民俗用品，还找来几大幅难得保存下来的祖像和中堂字画给我们拍照。临走的时候，弄来了一大箱子的茶叶和茶籽油叫我们带着，还有三只用细篾编上精美套子的葫芦。

村民们家家都热情接待我们，协助我们，正逢清明前后，我们走到哪一家都得吃几颗清明粿子，糯米里掺进蒿草芽，碧绿碧绿的。有几位小姑娘跟我们的女学生成了姐妹，见面搂搂抱抱，天不亮就送来煮山芋、山芋粥。像我们在以前工作过的地方一样，村里的父老乡亲们使我们生活和工作得非常愉快。

俞源村的工作，由陈志华做整体设计并撰写文稿，楼庆西摄影并指导学生制图和写毕业论文，李秋香指导学生测绘并做了全部住宅的入户调查，也摄了许多影，硕士研究生王川制作了俞源村主要部分的总平面图。参加这次工作的学生有王雅洁、刘晨、潘高峰、司玲、何天友和赵亮。

1998 年夏